幼儿问题行为识别与应对

"新标准"学前教育类专业系列教材

主 编 张 祯
副主编 祝晓隽
主 审 史静敏

华东师范大学出版社
·上海·

图书在版编目（CIP）数据

幼儿问题行为识别与应对/张祯主编.—上海：华东师范大学出版社，2016.5
ISBN 978-7-5675-5309-5

Ⅰ.①幼…　Ⅱ.①张…　Ⅲ.①幼儿－不良行为－研究
Ⅳ.①B844.12

中国版本图书馆CIP数据核字(2016)第180966号

幼儿问题行为识别与应对

主　　编　张　祯
责任编辑　罗　彦
封面图　率　菲
插　　图　庄晓微　率　菲
版式设计　罗　彦

出版发行　华东师范大学出版社
社　　址　上海市中山北路3663号　邮编 200062
网　　址　www.ecnupress.com.cn
电　　话　021-60821666　行政传真 021-62572105
客服电话　021-62865537　门市（邮购）电话 021-62869887
地　　址　上海市中山北路3663号华东师范大学校内先锋路口
网　　店　http://hdsdcbs.tmall.com

印 刷 者　上海景条印刷有限公司
开　　本　787毫米×1092毫米　1/16
印　　张　9.25
字　　数　192千字
版　　次　2016年11月第1版
印　　次　2024年7月第12次
书　　号　ISBN 978-7-5675-5309-5/G·9552
定　　价　29.00元

出 版 人　王　焰

（如发现本版图书有印订质量问题，请寄回本社客服中心调换或电话021-62865537联系）

出版说明

CHUBAN SHUOMING

本书是学前教育专业教学用书。

全书采用任务引领的编写模式，由幼儿行为认知、幼儿问题行为识别与应对和幼儿问题行为个案撰写三大学习任务组成，每个学习任务下还包含若干学习活动。其中，学习任务二包含了目前幼儿园中最常见的 10 类幼儿问题行为。

本书体例新颖，采用了"案例—任务—学习支持—学而时习之"，即一读、二想、三学、四练的形式，让学生在情境中学习讨论，在思考中掌握知识，在练习中锻炼技能。此外，本书通俗易懂、语言简练平实，且包含了大量的彩色插图，旨在使学生充分掌握应对幼儿问题行为的科学方法。

本书的每个学习活动均由以下板块组成：

学习目标：通过对本活动的学习，学生所要掌握的知识、技能。

学习准备：课前的小任务，使学生对本活动有个初步的了解，激发学生的学习兴趣。

案例：通过真实的小案例创造学习情境。

任务：与案例有关的小任务、小思考，让学生凭借自身实际经验来解决问题。

学习支持：本活动的核心知识点，也是对任务中所提问题的解答。学生可以在系统学习相关知识后再来反思自己之前的答案。

拓展阅读：帮助学生拓展相关的知识面，为学生的课外学习提供素材。

学而时习之：与本活动相关的练习，帮助学生巩固所学知识。

本书相关教学资源请至 have.ecnupress.com.cn 中的"资源下载"栏目，搜索关键词"问题行为"进行下载，或与我社客服联系（QQ：800001727）。

华东师范大学出版社

　　按照发展心理学对年龄的划分，3—6岁被划入幼儿阶段。这个年龄阶段的儿童已经可以进幼儿园接受系统的幼儿教育，为几年后进入小学学习做准备，所以这一阶段又俗称学前期。

　　与婴儿期相比，幼儿期儿童的心理发生了许多质的飞跃，不论是生理机能还是心理水平都在飞速发展，这是人的一生中发展最快的时期之一，也是各种心理特征发展的关键期。尤其是随着认知能力不断提升，他们已不再需要像婴儿那样事事依赖于父母，他们的感知觉、注意、记忆、思维、语言等能力都在这一阶段出现了飞速的增长。不仅认知能力快速提升，社会交往能力和需求也在不断改善。他们特别渴望参与社会生活，并且要求独立的意识也蠢蠢欲动，他们已经不满足于完全听命于成人来行事，自己的事要自己来做，做事有自己的想法和安排。心理学上把3—4岁称为第一反抗期，由此可以看出这一阶段的儿童自我意识开始萌发。但限于能力的不足，心理和行为带有明显的不随意性，即各方面的控制力不强，常常会把事做砸，所以有时我们成人觉得他们是在胡闹，但这是每一个儿童所必须经历的一个发展过程。有时我们认为是问题的行为恰恰是儿童发展过程的一种自然现象，对此我们要加以分辨，什么是正常的发展现象，什么是问题行为。比如幼儿一般注意力水平不高，他们能保持对一件事情的关注时间不会很长，做事总是朝三暮四的，这是他们神经系统的发育尚不完善所导致的一种必然结果，因为他们的有意注意还没有发展起来，所以这时他们无法长时间地坚持做一件事可以被看作是一种正常的现象。但如果年龄大了还是如此，那可能就是行为问题了。又比如幼儿在游戏活动中推搡抢夺等行为都是正常的现象，因为他们就是要在这样一个过程中来学习如何与人交往，如何合理地表达愿望，如何妥善地解决冲突，如何体验他人的心情等，没有这段实践体验就无法形成正确的行为方式和交往行为。但如果老是停留在这个阶段而不往前发展，不在这一过程中学会合理的交往方式和技能，与他人进行合作而非对抗，那就可能会形成攻击性的行为特征，这就是问题行为了。对于问题行为要及时干预和矫正，否则会影响儿童的正常发展。

据研究，儿童期的行为问题不加以矫正，成人后可能会产生各种心理障碍，所以成人要善于引导幼儿去改善自己的一些不良行为方式，让心理发展沿着正常的轨道。张祯主编的《幼儿问题行为识别与应对》一书给家长和幼儿园老师提供了正确识别幼儿的问题行为以及矫正的一些方法。此书有几个特点，一是通俗易懂，不论是对问题行为的描述还是纠正方法的设计都一看即懂，有利于阅读和参考使用；二是程序规范，对问题行为该怎么去识别和纠正，提供了清晰的步骤，该用什么样的任务去达成何种结果，一步一步，层层递进，很有利于家长和老师的操作；三是图文并茂，还配合使用一些案例，有一定的趣味性，读起来不枯燥；四是操作性强，对每一种行为问题都有一系列的任务，对不同的儿童可以采用不同的方法，每一个具有问题行为的儿童都能在书中找到适合于他们的矫正手段。我觉得此书既具有科学性又具有趣味性，书中学习支持栏目从心理学的角度论述了对问题的解释，让读者区分什么是正常发展的特点，什么是行为问题的表现，另外还提出了问题行为产生的原因，这有利于家长从根本上对孩子的行为加以改善。书中的文字占幅不大，这符合当代家长的阅读方式。所以这是一本值得一读的书籍，我特向广大的家长和幼儿园教师推荐。

陈国鹏
于华东师范大学俊秀楼

前言

QIANYAN

　　幼儿问题行为也被称为幼儿不良行为，目前对其概念的界定尚无统一的观点，一般被认为是幼儿发展过程中普遍存在的、反复发生的、偏离社会正常要求或个人正常发展，既影响他人又影响自身发展的行为和情绪问题。近年来，我国发生问题行为的群体日渐低龄化，且幼儿发生问题行为的比例逐年升高。幼儿期作为个体一生发展的重要时期，蕴含诸多关键期，其个性、情绪、行为尚存在改变空间，若能在幼儿园及时识别幼儿的问题行为并进行有效的干预，将大大降低幼儿问题行为对自身及他人的影响。

　　本书由上海市群益职业技术学校与上海市示范幼儿园浦南幼儿园合作编写，全部案例均由上海市青年教师教育教学评比一等奖、上海市园丁奖获得者，浦南幼儿园课程开发部主任祝晓隽老师提供，并贡献了多年识别和应对幼儿问题行为的经验。教材内容由上海市妇幼保健中心培训部主任史静敏老师主审。

　　本书以党的二十大精神为指引，全面贯彻党的教育方针，落实立德树人根本任务，重视"做中学"的现代教育理念。本书以任务引领为主要呈现形式，在每一个学习活动开始时，呈现真实的幼儿问题行为案例，让学生在小组合作解决问题的过程中，学习识别和应对各种常见问题行为的知识和应对策略。本书共分为三个学习任务，分别为幼儿行为认知、幼儿问题行为识别与应对、幼儿问题行为个案撰写。在众多幼儿问题行为中，我们在学习任务2中精心挑选了10种问题行为，这些问题行为是依据其在幼儿园中的常见程度递减排列的，教师在教学过程中可以根据当地的实际情况进行增加或删减。

　　本课程自2009年开设以来，已进行了七轮教学及修正，感谢在此过程中提出宝贵意见的老师和同学，感谢学前教育专业指导委员会专家及职教同仁们对本书提出的珍贵建议。

　　由于作者水平有限，本书不免存在一些疏漏及错误，恳请各位读者批评指正并提出修改意见，笔者将不胜感激并进行修改，使本书不断完善。

编　者

目 录
MULU

幼儿行为认知

学习目标

- 能通过讨论及资料收集的方式，了解幼儿问题行为的特征。
- 能根据自身经验并通过资料收集的方式，区分幼儿的正常行为与异常行为。
- 能分析幼儿问题行为与幼儿园教育间的联系。
- 能知晓正确、有效的幼儿园教育将对幼儿已表现出的问题行为产生的作用及影响。
- 能了解幼儿园的保教理念，树立正确的关爱幼儿的观念。
- 能主动获取有效信息，对学习和工作进行分享与总结。
- 能与他人合作，进行有效沟通。

建议学时

6 学时。

工作流程与活动

- 学习活动 1：幼儿正常行为与异常行为认知（3 学时）。
- 学习活动 2：幼儿问题行为与幼儿园教育的关系认知（3 学时）。

幼儿正常行为与异常行为认知 ◀

学习目标

1. 能通过讨论及资料收集的方式，了解幼儿问题行为的特征。
2. 能根据自身经验并通过资料查询的方式，区分幼儿的正常行为与异常行为。
3. 能主动获取有效信息，展示学习成果。
4. 能树立正确的关爱幼儿的观念。

学习准备

1. 阅读课堂教学案例：如厕风波、好动的小明。
2. 通过网络搜集"幼儿正常行为与异常行为"的相关资料。
3. 阅读《3—6岁儿童学习与发展指南》。

案例 ①

如厕风波

　　大二班的小朋友们正在进行午睡前的如厕，涛涛排在壮壮后面，两人挨得很近。于是，壮壮回头对涛涛说："涛涛，你站后面一点好吗？"涛涛没理他，仍旧贴着壮壮。当壮壮上完厕所提裤子的时候，胳膊肘不小心碰到了涛涛，涛涛便不由分说地从背后紧紧勒住壮壮的脖子，壮壮大喊："放开我，你干吗？"老师见了，立刻走上前叫涛涛松手，并查看壮壮的脖子。老师问涛涛："你为什么要勒壮壮的脖子？"涛涛理直气壮地说："他先撞我的。"

▲ 如厕风波

任务 1

1. 你觉得涛涛的行为在幼儿园常见吗？

   ☐ 常见　　　☐ 不常见

2. 谈一谈你如何看待涛涛的行为？

_____

_____

_____

_____

3. 你认为涛涛的行为将对哪些人造成影响以及造成怎样的影响？（请完成以下表格）

影响人物	造成影响（请描述）

学习支持 1

★ **幼儿问题行为的界定**

目前对于幼儿问题行为尚没有统一的定义。一般我们认为，幼儿问题行为是指幼儿在发展过程中普遍存在的、反复发生的偏离社会正常要求或个人正常发展，既影响他人又影响自身发展的行为和情绪问题。

在幼儿园，幼儿出现案例中涛涛这样的行为，是比较常见的。从严格意义上来讲，这属于幼儿问题行为。

幼儿在发展过程中出现的问题行为一般是暂时的、一过性的，并且主要是在不良环

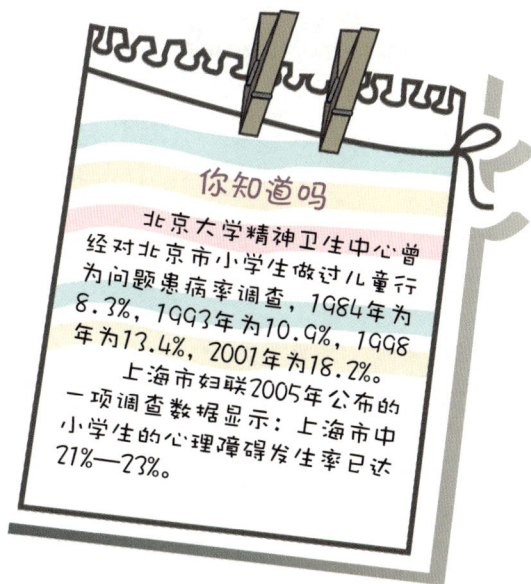

你知道吗

北京大学精神卫生中心曾经对北京市小学生做过儿童行为问题患病率调查，1984年为8.3%，1993年为10.9%，1998年为13.4%，2001年为18.2%。上海市妇联2005年公布的一项调查数据显示：上海市中小学生的心理障碍发生率已达21%—23%。

境及不恰当的教育下所导致的，它会随着幼儿生理和心智水平的发展、认知能力的提高、行为控制能力的增强而减少。在成人的正确引导和教育下，多数不符合社会规范的不良行为是可以逐步被矫正的。

任务 2

1. 请写下你发现的一则具体的幼儿问题行为案例。

幼儿问题行为案例

2. 请通过小组讨论及资料查询等方式，归纳幼儿问题行为的一般特征。

幼儿问题行为的一般特征

学习支持 ②

★ 幼儿问题行为的一般特征

幼儿问题行为虽然有各种不同的表现，但它们又有一些共同特征，可以概括为以下几个方面：

▲ 不愿和同伴接触

1. 良好行为不足

这是指人们所期望的行为很少发生或不发生。

比如，幼儿很少讲话或不愿和同伴接触、交往，智力发展迟滞，不会自己穿衣服或吃饭等。

2. 行为过度

这是指某一类行为出现的次数太多。

比如，幼儿上课时注意力不集中、不遵守纪律、做小动作、扰乱他人、经常咬指甲等。

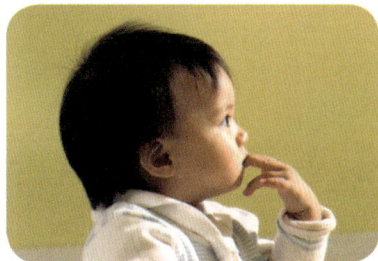
▲ 经常咬指甲

▲ 在欢乐时大哭

3. 行为不适当

这是指期望的行为不在适宜的情境中产生。

比如，幼儿将喜爱的玩具放在垃圾堆里，或在悲伤时大笑、在欢乐时反而大哭等。

4. 行为持久性短

这是指做事情没有耐心，不能坚持长久。

比如，刚坐下画画没多久就跑去玩娃娃家了。

▲ 行为持久性短

▲ 不听话

5. 行为不受控制

这是指幼儿不理会教育者的引导，我行我素。

在现实生活中，我们常将这种行为描述成幼儿不听话。

6. 不理会现实

这是指幼儿经常忽视四周的环境，对现实情境不去理会。

▲ 不理会现实

案例

好动的小明

小明，6岁，男孩，目前就读幼儿园大班。他几乎在任何事上都很难集中注意力，经常在上课时不经过老师允许离开自己的座位，或者同边上同学打闹。由于他在上课时经常打扰其他同学，并且没有耐心参加一些需要等待的游戏（如：排队玩滑梯等），所以他与同伴的关系很不好。

幼儿园老师与小明的父母取得联系后，父母介绍道：小明是足月顺产儿，生长发育与同龄正常幼儿比较无明显差异，但在婴儿期他就表现得相当活跃，睡眠也不安分；到了学走路的年龄，他经常到处跑，看卡通片时也经常在座位上不停地扭动；也因为好动而经常在户外活动时受伤。

▲ 好动的小明

老师建议家长带小明接受专业检查，但他的父母并不重视老师的建议，认为小明不过是调皮好动罢了。

任务 ③

1. 你认为小明的行为是不是仅仅属于顽皮好动?

　　☐ 是　　　　☐ 不是

2. 请查阅相关资料并写下幼儿正常行为与问题行为的判断原则,并依据该原则为小明的行为做判断。

判断原则

```

```

小明行为的判断

```

```

学习支持 ③

★ 幼儿问题行为的判断原则

　　一些研究表明,幼儿的问题行为大多属于发育过程中所特有的障碍,通常表现为某种怪异的或障碍性的行为。如果此类问题发生在某一特定的发育阶段属于正常现象,但当它表现得过分突出或出现在不相应的发育阶段时,可被认为是问题行为。

家长、教师要善于观察幼儿的行为表现，尽早发现幼儿的问题行为。在发现、判断幼儿问题行为时，需要遵循以下原则：

1. 社会文化原则

不同的社会条件下，人们有着不同的行为规范与要求，如果幼儿的行为表现与社会所期待的不同，那么该行为将会被认定是异常或偏差行为。比如：维吾尔族幼儿吃"手抓饭"是常见的习俗，而汉族幼儿用手抓饭吃会被认为是饮食卫生习惯不良。

▲ 手抓饭

社会文化的标准并非一成不变，它会随着社会发展、人口迁徙、信息传播、价值观的变化而有所改变。

2. 发展性原则

幼儿处于生理与心理高速发展、发育的时期，教师与家长在判断其行为是否正常时，必须以该年龄段的幼儿平均发展水平作为参考指标，如参考《3—6岁儿童学习与发展指南》。

《3—6岁儿童学习与发展指南》中对幼儿适应能力的要求

3—4岁	4—5岁	5—6岁
● 能在较热或较冷的户外环境中活动。 ● 换新环境时情绪能较快稳定，睡眠、饮食基本正常。 ● 在帮助下能较快适应集体生活	● 能在较热或较冷的户外环境中连续活动半小时左右。 ● 换新环境时较少出现身体不适。 ● 能较快适应人际环境中发生的变化。如换了新老师能较快适应	● 能在较热或较冷的户外环境中连续活动半小时以上。 ● 天气变化时较少感冒，能适应车、船等交通工具造成的轻微颠簸。 ● 能较快融入新的人际关系环境。如换了新的幼儿园或班级能较快适应

3. 症状标准原则

通常，我们在判断幼儿是否表现出问题行为时应遵循临床医师的诊断。

幼儿的某些问题行为会有较特殊的表现，如：选择性缄默症、注意力缺陷多动障碍症等，因此运用标准、量表判断幼儿行为是否异常是稳妥的。但有些问题行为表现得不明显，当家长将幼儿带至专业医疗机构时常常不出现异常症状。此时家长可以设置一些特殊的情景，以便让幼儿充分"表演"，再记录下特殊症状；

▲ 教师观察幼儿

或由教师（家长）用"症状量表"对幼儿行为作出评定，再统计分析，得出判断结果。

4. 经验标准原则

除了临床标准以外，根据专业人员、教师或家长个人的经验来判断幼儿的行为是否正常，称为经验标准。

表面看来，经验标准可能不科学，但有调查显示：在实际生活中，教师可以鉴别出 75% 的幼儿问题行为，如有专业人士指导，则可以鉴别出 95% 的幼儿问题行为。

当然，经验标准也存在缺陷，它受到评定者的知识结构、人格特质、价值观和教育观的影响。

▲ 教师鉴别幼儿问题行为

拓展阅读

幼儿问题行为的四种实践方法

杜永明在《中小学生不良行为矫治全书》中，提出了判断问题行为的四种实践方法：

（1）按常规管理方面的观察和调查统计，看问题行为出现的背景、频率和类型。

（2）收集社会、家长、教师、同学对幼儿问题行为的反映，看问题行为的征兆、环境特点、表现形态。

（3）运用有关的规章、制度、条例、守则、规范去进行鉴别，看行为"出轨"的程度。

（4）对某些难以判定的问题行为案例进行分析讨论，特别注意不同年龄阶段幼儿在生理机能、心理水平、认识能力和行为控制方面的不同特点，区分幼儿问题行为出现的程度差异。

除此之外，我们还可以通过心理测量的方法对幼儿进行评估，但需要注意的是心理测量是专业的标准化测验，需要有良好的心理学背景知识，并且需要严格遵守测试程序，并对结果进行准确分析，以免误判。

幼儿问题行为的基本分类方法

幼儿问题行为可分为内向型和外向型：

内向型
表现为羞怯胆小、沉默寡言、过度焦虑、自卑、孤僻、对人对事冷漠、回避与他人的接触等。

外向型
表现为活动过度、行为粗暴、上课捣乱、破坏公物、欺骗或偷窃等。

小思考：

试比较内向型和外向型的问题行为幼儿，说说哪一种类型更需要引起教师和家长的重视。

　　外向型的问题行为具有明显的扰乱性、破坏性和对抗性，容易引起教师和家长的困扰，所以这一类型的行为往往能得到及时的关注和矫正。而内向型的问题行为因其不具备对他人的扰乱性而常常被忽略，但是它对幼儿自身的心理健康和社会适应发展是有严重危害的，所以教师和家长同样需要关注内向型的问题行为。

任务 4

　　请通过思考和资料查询的方式，辨析幼儿问题行为与问题幼儿、违法行为、心理疾病之间有怎样的关联与区别。

问题行为与问题幼儿

问题行为与违法行为

问题行为与心理疾病

学习支持 ④

★ 幼儿问题行为与问题幼儿、违法行为、心理疾病的联系与区别

1. 问题行为与问题幼儿

　　幼儿问题行为是指在幼儿中出现的妨碍其个性良性发展、身心健康成长或给家庭、学校、社会带来麻烦的一系列行为。从幼儿身上出现某种问题行为发展至一名"问题幼儿"是一个渐进的过程。当幼儿偶尔出现问题行为时，家长和教师不能武断地把他们当作问题幼儿，但同时也不能掉以轻心。家长和教师应深入了解幼儿行为产生的背后原因，有针对性地进行教育，从而减少幼儿的问题行为。

> 问题行为具有普遍性，正常幼儿的问题行为具有暂时性、可治性。
> 我们应该更加关怀具有问题行为的幼儿。

2. 问题行为与犯罪行为

　　问题行为是幼儿在发展过程中的偏离，是教育工作的对象；而违法犯罪行为是司法工作的对象。问题行为较易引起违法犯罪行为，因此必须及早矫治幼儿的问题行为。

3. 问题行为与心理疾病

　　如果幼儿的问题行为出现在某一特定的年龄发展阶段，如婴儿期喜欢吸、咬手指，或在两三岁时爱发脾气，只要符合幼儿心理发展特点，都是可以接受、理解的。但如果该行为持续存在，或在原本不应该出现的年龄阶段依然存在，今后可能会转化为青少年或成人期的心理疾病。

▲ 问题行为与心理疾病

拓展阅读

幼儿

为什么你与别人不一样？
你为什么要和别人一样？
我的幼儿，
你是世上最特别的存在。
请昂起你的头，
让我们看看你的清澈的眼。

⚓ 学而时习之

练习1：请根据自身经验，写下你觉得最常见的两种具体的幼儿问题行为（一种内向型、一种外向型），并写下该行为的具体表现。

常见的幼儿问题行为(1)（外向型）名称：_____	表现：

常见的幼儿问题行为(2)（内向型）名称：_____	表现：

练习2：请阅读以下案例，假设该案例中的兰兰是一名存在问题行为的幼儿，请说说她的表现符合幼儿问题行为一般特征中的哪几条，并具体阐述。

【基本资料】

姓名：兰兰　　　年龄：4岁

【案例描述】

兰兰，独生女，聪明好学，但性情温顺、孤僻、胆小。由于父母工作忙，兰兰全由外婆照料，外婆视她为掌上明珠，处处关心，事事包办。

平时在家时，兰兰喜欢看书，玩玩具，听外婆讲故事，很少出门。偶尔家里来客人，无论是大人还是孩子，兰兰一概不理不睬，也不同桌吃饭，而是独自到小房间去看故事书。

在幼儿园里，她经常一个人坐在椅子上，很少和其他幼儿一起，游戏时总是自己单独玩耍，老师多次引导但效果不显著。当老师和小朋友邀请她参与活动时，她总是把头摇得像拨浪鼓似的。早上入园时，兰兰也从不说"老师早"。但是兰兰很爱听老师和小朋友讲故事，在上课集体回答问题时表现较积极，思维很活跃，而在老师单独提问时却不说话了。

▲ 爱看书的兰兰

幼儿问题行为与幼儿园教育的关系认知

学习目标

1. 能通过实地走访及资料收集的方式，了解幼儿园应对幼儿问题行为的意义。
2. 能根据自身经验并通过资料收集的方式，知晓目前幼儿园教育存在的不足。
3. 能掌握一日活动各个环节应对幼儿问题行为以及与家长沟通的方法。
4. 能树立正确的关爱幼儿的责任意识。

学习准备

1. 阅读课堂教学案例：顽皮的丁丁。
2. 通过网络搜集"幼儿问题行为与幼儿园教育的关系"的相关资料。

案例

顽皮的宁宁

张老师正在教小班小朋友一首新歌，小朋友们都坐在椅子上，一边听老师弹琴，一边学唱，只有宁宁在椅子上动来动去。他一会儿推推旁边的佳佳，一会儿转过身来，趴在椅背上，看着后面的墙壁发呆。张老师看了看他，没理会。没多久，宁宁突然站起来，跑到老师身边，在钢琴上用力敲了几下，钢琴发出一串杂乱的音乐，小朋友都大笑起来。张老师生气地拉开宁宁，说："赶快回到座位上。"宁宁边笑边跑回座位，但没一会儿，宁宁又站起来跑到窗户下，拿起柜子上的串珠玩起来，几个小朋友齐喊："老师，宁宁又跑了。"张老师看了看他说："不要理他。"说完领着小朋友们继续唱歌。

▲ 顽皮的宁宁

任务 1

1. 你觉得张老师的做法好吗？

   ☐ 好   ☐ 不好

2. 你认为幼儿园教育能够对目前已存在问题行为的幼儿产生怎样积极或消极的影响？

积极的影响

消极的影响

3. 丁丁正处于身心发展的关键期，你觉得幼儿的身心发展有哪些关键期？

学习支持 1

　　从某个角度而言，丁丁的确是一个问题幼儿。对老师而言，在丁丁参加活动时，可能需要一位老师专门看着他，这样活动才能顺利进行。

　　幼儿园作为一个集体场所，其中很重要的一个元素就是"规则"，尤其在小班，幼儿学习的一项重要内容就是建立规则意识。一般来说，老师心目中的好孩子是那些能遵守各种规则、听老师话的，而丁丁恰恰是一个未被"驯服"的幼儿。于是，在要求"同一种声音，同一种行为"的环境中，

▲ 教师与幼儿

他总是不断出现问题，成为一个特殊人物。但在幼儿教育中，对于类似丁丁的幼儿采用放任不管或是严厉训斥的做法都是不科学、不人道的。

的确，幼儿的问题行为可能因其在幼儿园中与同伴行为表现的对比而更早被识别，因受到幼儿园中经验丰富教师的正确引导得到改善。但同样也可能受到教师专业性不足、教师及同伴下意识歧视而加剧问题行为的表现，甚至对幼儿造成心理伤害。同时，在幼儿园中可能会造成其他幼儿对该问题行为的模仿。

★ 幼儿身心发展关键期

1. 生理发育关键期

3—6岁是幼儿身体成长的黄金时期，幼儿身高增长迅速，骨骼发育逐渐完善，身体免疫力大大增强，体能迅速增加，脑细胞数量增长极快，接近成人脑细胞数目的80%。因此，3—6岁幼儿的身体保健不容忽视。

相关研究表明：人的身心相通，身体不健康会引发心理疾病。同样，心理不健康也会伴随身体疾病。所以，我们不仅要关注幼儿的饮食健康，也要关注幼儿的娱乐健身，还要关注幼儿的睡眠作息。

关键期

这是指个体发展过程中环境影响能起最大作用的时期。幼儿在关键期中，在适宜的环境影响下，行为习得特别容易，发展特别迅速。但这时如缺乏适宜的环境影响，也可引起幼儿的不良行为，甚至阻碍其今后的正常发展。

2. 心理发展关键期

（1）感官关键期（0—6岁）

幼儿从出生起，便会借助听觉、视觉、味觉、触觉、嗅觉等感官来熟悉环境，了解事物。因此要让幼儿充分聆听、触摸、观察、尝嗅，以刺激幼儿的感官，促进幼儿的智力发展。

（2）形象视觉发展关键期（4岁以前）

幼儿处于该阶段时，其形象视觉发展最迅速。此时幼儿很喜欢外出活动，因为那里有丰富的室外自然风光。这时，我们除了多带幼儿进行户外活动，接触丰富多彩的世界之外，在室内的时候，也要给他们多看图画书、动画片，开阔幼儿的视野。

▲ 音乐才能发展关键期

（3）音乐才能发展关键期（3—5岁）

在这一关键期，可以让幼儿多听听古今中外的名曲，多参加音乐活动。

（4）语言关键期（3—6岁）

这一时期是幼儿学习口头语言的关键期。在这段时期，成人要经常跟幼儿说话、讲故事、提问，鼓励幼儿多说，促进幼儿的理解能力和表达能力。

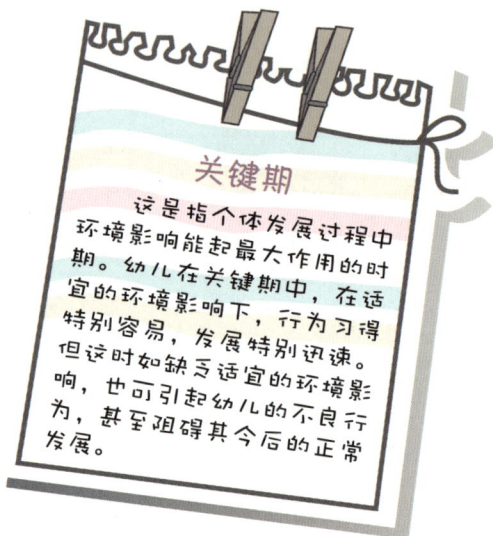

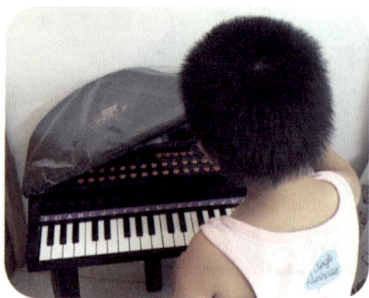

（5）秩序关键期（2—6岁）

2—6岁是教幼儿知晓规则并能遵守规矩的关键期。在这个时期，成人应逐渐引导幼儿脱离以自我为中心的状态，多和别的幼儿交朋友。此外，成人也应与幼儿一起建立明确的生活规范、日常礼仪，提升他们自律的能力，以便今后适应社会规范。

（6）想象力关键期（2—8岁）

在这个时期，成人要让幼儿多听他们喜欢的童话和科幻故事，多看图画绘本、动画片、科幻片，识字后要让其多读书。在积累了一定的知识量后，家长可以让幼儿看画编故事，或续故事，或与家长轮流讲故事，提高幼儿的想象力、创造力。

幼儿园问题行为应尽早矫正

幼儿问题行为不仅影响幼儿的身心发育与发展，同样也影响幼儿的生活和学习，并且也可能是成人期心理障碍和社会适应不良的前兆。

任务 2

请结合你的实际经验或收集到的相关资料，写下你观察到的目前幼儿园教育中存在的不足。

学习支持 2

★ 目前幼儿园教育的不足之处

1. 缺乏个性

由于目前我国学前教育师资仍存在不足，幼儿教师为了更好地进行教育教学和班级管理，往往忽略了幼儿的个体差异，希望全班幼儿尽量表现一致，如此可能束缚了幼儿的多样化发展。

2. 独立性差

有的教师为了使幼儿能更快吃饭、穿衣和如厕（防止幼儿生病着凉），或迫于家长压力而对幼儿多加"照顾"。当教师包办较多时，便会助长幼儿的依赖心理，被过度照顾、保护的幼儿将会产生无力感，影响了幼儿的生活自理、社会交往等能力。

> **你知道吗**
>
> 截止2013年底我国托幼园所总数已达19.86万所，在园幼儿3895万人，学前3年毛入园率达67.5%。2014年，国家教育部、发改委、财政部发布的《关于实施第二期学前教育三年行动计划的意见》提出"到2016年，全国学前三年毛入园率达到75%左右"。

3. 自我表现弱

幼儿园中部分教师为了促进幼儿积极行为的养成、消除消极行为的影响或让幼儿尽快学会某种知识技能，而大量引用榜样和模范的故事来激励幼儿，或直接给予幼儿"活动模板"进行参考，这可能会阻碍幼儿想象力的发展，从而影响幼儿的自我表现能力。

4. 缺乏合作意识

在幼儿园的某些活动、课程中，教师可能下意识地强调了竞争的作用，希望幼儿能够更好地表现自我，而忽视了对幼儿合作、分享意识的培养。

5. 兴趣培养不足

目前我国部分地区的幼儿园仍存在"小学化现象"，教师为了让幼儿能更好地适应小学，而鼓励家长为孩子进行大量的"补课"，忽视了对孩子兴趣的培养。同时，由于幼儿园的场地、资源、师资有限，能够帮助幼儿发展兴趣爱好的课程、活动不够全面和广泛。

▲ 鼓励"补课"

6. 引导幼儿行为不科学

由于幼儿园师资缺乏且人员流动性大，许多在职教师并未经过长期、系统的学习，同时他们也缺乏实际教育教学经验及规范化督导程序，这就导致一些教师在面对幼儿问题、偏差行为的发生时，只能够采取简单直接的方法，无法根据实际情况对纠正方案进行具体的设计与分析。

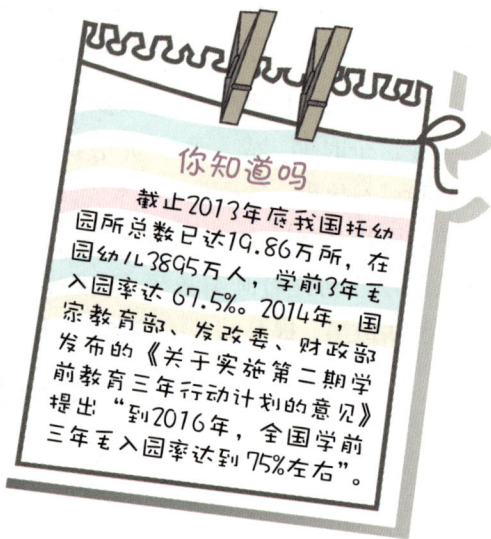

拓展阅读

幼儿问题行为与家庭、社会的关系

除了目前幼儿园存在的教育上的不足之处外，相关研究表明幼儿问题行为的产生同家庭、社会也存在一定的关联，如父母本身的心理特征、父母职业、家庭教养方式，社会中对幼儿的过高期望、过度保护等也会对幼儿问题行为的发展产生一定消极的影响。（具体参见魏燕《幼儿问题行为的家庭原因分析》）。

任务 3

假设你现在是苹果班的老师，你发现班级中的小凯与一般幼儿相比其行为存在一定偏差，接下来你需要与搭班老师一起应对小凯的问题行为，并且与小凯的家长进行沟通。

1. 想一想，在引导小凯时，你需要根据幼儿的哪些生理和心理特点进行引导呢？

2. 家庭是幼儿生活的重要组成部分，那么家长应遵循怎样的原则来对幼儿进行家庭教育呢？

学习支持 ③

★ 幼儿的身心发展规律

作为一名幼教工作者，在对幼儿的问题行为进行引导时，首先需要注意的是：遵循幼儿身心发展规律来组织教育。

幼儿身体发育的特点：
☺ 极为好动。
☺ 不会控制活动量。
☺ 身体发育尚未完成。
☺ 存在很大的个体差异。

幼儿社会交往的特点：
☺ 交往灵活多变。
☺ 群体变化不定。
☺ 争吵随时可见。
☺ 喜欢游戏活动。
☺ 具有性别意识。

幼儿情绪的特点：
☺ 情绪公开纯真。
☺ 情绪波动较大。
☺ 情绪缺乏自制。
☺ 情绪需要教师激励。

幼儿认知的特点：
☺ 无意识记忆为主。
☺ 喜欢说。
☺ 想象丰富。
☺ 评价过高。
☺ 能力发展需要帮助。

"幼稚教育是一件很复杂的事情，不是家庭一方面可以单独胜任的，也不是幼稚园一方面可以单独胜任的，必定要两方面共同合作方能得到充分的功效。"

——我国著名幼儿教育家陈鹤琴先生

▲ 陈鹤琴先生

★ 家庭教育原则

在应对幼儿问题行为时，家园联合显得尤为重要。教师在与家长沟通的过程中，需要指导家长把握好以下家庭教育原则。

① 父母应持有正确的家庭教育观念与态度。
② 父母应给予子女充分的爱。
③ 父母应关心子女的全部生活行为和学习效果。
④ 父母应不让幼儿感到生活单调。
⑤ 父母教育子女应有耐心。
⑥ 父母教育应与幼儿园教育保持一致。

▲ 家庭教育

任务 4

教师与家长的沟通非常重要，请根据你的经验，并参考以下范例，写下你认为在幼儿园中，教师可以与家长沟通的时机及恰当的沟通内容。

沟通时机	沟通内容
范例： 家长送幼儿来园或接幼儿离园时	☺ 幼儿在幼儿园是受欢迎的、老师喜爱的、被重视的。 ☺ 幼儿在幼儿园所做的成功的事情。 ☺ 幼儿在幼儿园发生的事情

沟通时机	沟通内容

沟通时机	沟通内容

学习支持 ④

★ 教师、家长正向沟通的积极时机

1. 接送幼儿时

此时是教师与家长建立相互尊重和积极关系的好时机。首先，教师之间要确定谁主要负责与家长沟通，之后应了解在该名幼儿的家中，谁主要负责教育、看管幼儿。

积极沟通的内容主要包括以下三点：

① 幼儿在幼儿园是受欢迎的、老师喜爱的、被重视的。

② 向家长列举幼儿在幼儿园所做的成功的事情。

③ 幼儿在幼儿园发生的事情等。

例如：

✓ 佳佳早！今天早上的活动我准备了很多橡皮泥，我知道你很喜欢玩橡皮泥！

✓ 婷婷！你总算回来了！你知不知道你不在幼儿园的几天，我和小朋友有多想你！（外出旅游或请其他事假）

✓ 天天妈妈，我想给你看看天天剪的窗花。她很成功地拿着剪刀完成这些，我们应该为此高兴！

▲ 积极沟通

✓ 琪琪妈妈，今天天气很热，下午我们在带领幼儿玩水的时候，琪琪的衣服弄得很湿，我们已经给她换下了衣服，换下的衣服在那个绿色的袋子里，已经洗干净了，但还没有晒干。

✓ 嗨！杰杰，你爸爸在这里。你要不要把你搭的房子给你爸爸看看。杰杰爸爸，您应该看看，您的儿子搭了一个了不起的建筑物。

2. 家长会时

教师在设置会议主题时，必须考虑家长的需要、兴趣和会议的可行性；要考虑本会议是否是解决问题的最佳沟通方式。此外，教师还应注意将会议时间安排在大多数家长有空的时候。

家长感兴趣的主题内容主要有以下几点：

① 如何帮助初入园的幼儿适应幼儿园生活。

② 大班临近结束时，幼儿如何适应小学生活。

③ 家庭应对幼儿问题行为的方法。

④ 幼儿健康和营养。

▲ 家长会

⑤ 电视、电脑、手机对幼儿的影响及限制其使用这些电子设备的方法。

3. 家长开放日

家长开放日是幼儿园家长工作常见的一种形式，也是家园沟通的一种重要形式。幼儿园每学期定期向家长开放，实现家园共育。家长通过与教师、保教人员、其他家长沟通，以及观摩幼儿上课、游戏、作品等方式来更好地了解自己子女的水平，提高家园共育的效果。

▲ 家长开放日

4. 单独约见

当教师与幼儿父母单独约见时，可以向家长提出问题来共同讨论，也可以总结、交流幼儿在各方面的发展和表现情况。

5. 家园联系

家园联系可以通过家园联系本、幼儿园家园联系栏等方式进行，沟通内容可包括：幼儿活动资讯、最近的相关研究摘要、幼儿作品展示等，另外还可以是幼儿园的教育理念、活动、要求等。

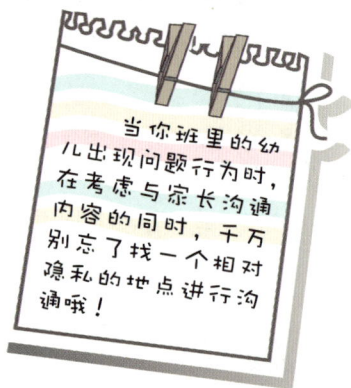

当你班里的幼儿出现问题行为时，在考虑与家长沟通内容的同时，千万别忘了找一个相对隐私的地点进行沟通哦！

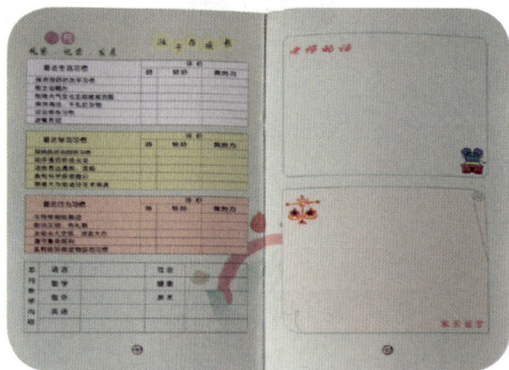

▲ 家园联系本

▲ 家园联系栏

⚓ 学而时习之

练习1：请根据所学到的"目前幼儿园存在的不足"这一内容，任意选择其中一条，写下你的改善方案。

练习2：家庭教育方式对幼儿的成长与发展相当重要，所以作为一名教师，必须了解正确的家庭教育方式，以便对家长进行家庭教育方面的指导，请登录上海市学前教育网（http://www.age06.com）自主学习，并写下三条你觉得最受启示的、正确的家庭教育方式及具体的执行方法。

学习目标

- 能根据自身经验并通过资料收集的方式，掌握各种常见幼儿问题行为的特征及表现。
- 能够通过案例分析，了解各种幼儿问题行为发生的背后成因。
- 能处理幼儿各种当下的问题行为。
- 能根据幼儿问题行为的不同成因设置合理的应对机制。
- 能与发生问题行为的幼儿及其家长进行有效的沟通。

建议学时

30 学时。

工作流程与活动

- 学习活动1：幼儿攻击性行为识别与应对（3学时）。
- 学习活动2：幼儿说谎行为识别与应对（3学时）。
- 学习活动3：幼儿分离焦虑行为识别与应对（3学时）。
- 学习活动4：幼儿任性（发脾气）行为识别与应对（3学时）。
- 学习活动5：幼儿注意力缺陷多动障碍行为识别与应对（3学时）。
- 学习活动6：幼儿依赖性行为识别与应对（3学时）。
- 学习活动7：幼儿独占行为识别与应对（3学时）。
- 学习活动8：幼儿吸、咬手指行为识别与应对（3学时）。
- 学习活动9：幼儿退缩行为识别与应对（3学时）。
- 学习活动10：幼儿选择性缄默行为识别与应对（3学时）。

幼儿攻击性行为识别与应对

学习目标

1. 能根据自身经验并通过资料收集的方式，掌握幼儿攻击性行为的特征及表现。
2. 能够通过案例分析，了解幼儿攻击性行为发生的成因。
3. 能处理幼儿当下的攻击性行为。
4. 能根据幼儿攻击性行为的不同成因设置合理的应对机制。
5. 能与发生攻击性行为的幼儿及其家长进行有效的沟通。

学习准备

1. 阅读课堂教学案例："不听话"的惩罚。
2. 通过网络搜集"幼儿攻击性行为"的相关资料，初步了解这一问题行为。

案例

"不听话"的惩罚

开学不久，中一班里就陆续有家长来找老师，说自己家的孩子害怕来幼儿园，因为班里有个叫小翔的男孩总爱欺负人，幼儿们都很害怕和他在一起。

老师得知这一情况后，特别关注了小翔的表现并很快发现：游戏时间，小翔经常因为索要同伴的玩具与小伙伴发生争执。小翔一旦遭到同伴拒绝，就会凶巴巴地伸手抢玩具，并用力推搡小

▲ 抢玩具的小翔

朋友，还会气势汹汹地告诫他们："你不听话，我就打你！"一些小朋友因为害怕只得将玩具交给他玩。同时，小翔还在班里有自己特别"喜欢欺负"的对象，他经常打小朋友的脸，踢小朋友的脚，嘴里还不停嘀咕："看我把你打个稀巴烂！"

根据这一情况，班里的老师不得不在游戏时间及自由活动时间暂时将小翔带在身边，尽量避免这类伤害事件再次发生。

任务 (1)

1. 你觉得小翔的行为在幼儿园中常见吗?

   ☐ 常见　　　☐ 不常见

2. 请从以上案例中找出小翔攻击性行为的具体"罪证",并尝试将它们分类。

攻击性行为1	
攻击性行为2	
攻击性行为3	
攻击性行为4	
攻击性行为5	

类型1:	➡	类型2:	➡	类型3:

学习支持 (1)

★ **什么是幼儿攻击性行为**

　　心理学中把攻击性行为定义为他人不愿接受的、出于故意和攻击性目的的伤害行为,这种有意伤害包括直接的身体伤害(如:打人、咬人、踢人等)、语言伤害(如:骂人、嘲笑人等)和间接的心理伤害(如:背后说坏话、贬低他人、造谣污蔑等)。有伤害他人意图但未造成后果的攻击性行为仍然属于攻击性行为,但幼儿们在一起玩耍时,无意识的推动动作则不是攻击性行为。攻击性行为又称为侵犯性行为,是指因为欲望得不到满足而采取的有害他人、毁坏物品的行为。幼儿攻击性行为常见的表现形式有:打人、骂人、推人、踢人、抢别人的东西(或玩具)等。

★ 攻击性行为的分类

攻击性行为根据其目的的不同可以分为：工具性攻击性行为和敌意性攻击性行为。

1. 工具性攻击性行为

工具性攻击性行为是指由其他非攻击性目标（如：获得玩具等）所驱使的有预谋、有计划的故意伤害他人的行为。

2. 敌意性攻击性行为

敌意性攻击性行为是指由伤害他人的意愿所驱使的愤怒生气的行为。

攻击性行为在幼儿不同的年龄阶段有不同的表现形式，在幼儿园阶段的主要表现为吵架、打架，是一种身体攻击，稍大一点的幼儿更多的是采用语言攻击，如：谩骂、诋毁、故意给对方造成心理伤害等。

▲ 谩骂

任务 2

根据研究显示，攻击性行为在个体发展过程中存在两个高峰。第一个高峰发生在3—6岁的幼儿时期，第二个高峰发生在10—11岁的青少年时期。请根据你的生活经验分析一下，幼儿的攻击性行为与青少年、成人的相比有何特点。

特点1	
特点2	
特点3	
特点4	
特点5	

学习支持 2

★ 幼儿攻击性行为的特点

1. 幼儿的攻击性行为更频繁

幼儿期是孩子社会性发展的初期，个体开始喜欢接近同伴、参与集体活动，但同时幼儿又处于自我中心阶段，缺乏社会交往经验，从而易产生攻击性行为。

主要表现为：为了玩具等物品而进行的直接争抢或破坏行为。此外，幼儿的活动空间狭窄、游戏材料不足也是引发其攻击性行为的重要因素之一。

▲ 争抢玩具

▲ 身体攻击

2. 幼儿更依赖身体攻击

比如，一旦幼儿要玩的玩具被别人拿走，他们立刻就会产生敌意，并用抓、打、咬的方式来抢夺玩具，而并不是用言语来攻击对方。

3. 幼儿攻击性行为存在明显性别差异

研究表明，攻击性行为倾向与雄性激素水平有关，所以，通常男孩比女孩的攻击性行为多，这是生理因素造成的。当然，由于受气质的影响，同性别的幼儿也会有不同的行为方式。那些身体强壮、精力旺盛、易怒、易哭闹的幼儿容易出现攻击性行为。

▲ 攻击性行为存在性别差异

★ 幼儿攻击性行为的危害

攻击性行为对幼儿的身心健康和社会性发展具有极大的危害，具体可以分为以下几方面：

1. 攻击性行为会危害幼儿的身体健康及人身安全

幼儿受到攻击后，身体可能会出现外伤、疼痛、昏迷等症状，严重的可能会导致幼儿伤残，甚至死亡。

2. 攻击性行为会伤害幼儿的心理

某些攻击性行为对幼儿的心理伤害往往大于其在身体上的伤害，从而使幼儿产生焦虑、紧张、忧郁等不良的情绪障碍，甚至形成不良人格，产生心理异常。

3. 攻击性行为会破坏幼儿的同伴关系

由于具有攻击性的幼儿往往会受到同伴排斥，使得这样的幼儿更易对同伴实施攻击性行为，从而不利于其良好同伴关系的形成。

4. 攻击性行为还会危害幼儿成年后的社会行为

幼儿的攻击性行为具有相对稳定性，除了在幼儿攻击行为发生时会对其产生直接不良影响外，还会在之后持续对其产生影响，有的甚至影响幼儿的一生。

因此，对幼儿攻击性行为进行有效的预防和控制具有重要的意义。

拓展阅读

幼儿攻击性行为的现状

据1997年6月25日的《中国青年报》报道，在北方某大城市的一项调查表明：在校学生中，有50%以上的学生有过被校内同学或外校学生敲诈、勒索、抢劫、欺侮和其他滋扰的经历。

成都的一项调查表明：有三成以上的同学曾受到过同校学生不同程度的骚扰，五分之一的学校存在学生勒索钱财等恶性事件。

来自瑞典的卡罗琳斯应激研究室的研究者，对北京267名12—13岁小学生的欺侮行为进行了调查和研究，结果表明：6.7%的小学生回答在上学期中，每周至少一次受人欺侮过。

任务 3

请再次回顾案例"'不听话'的惩罚"，试分析幼儿攻击性行为产生的原因。

原因1	
原因2	
原因3	
原因4	
原因5	

学习支持 ③

★ 幼儿攻击性行为的形成原因

幼儿攻击性行为形成的原因是多方面的，总体而言主要分为家庭因素、遗传因素、幼儿园教育因素、同伴关系因素及幼儿生理特征因素。

1. 家庭因素

（1）家庭教养方式和家庭氛围

现在许多家长采取溺爱的教养方式，一味迁就孩子，满足其各种需求，从而导致了幼儿的任性、蛮横、不讲道理和以自我为中心。在与同伴的交往中，幼儿的愿望如果得不到满足，就容易不分场合、时间地采用攻击手段来发泄不满。还有些家长生怕自己的孩子在幼儿园吃亏，便教授其打人和欺负人，久而之，幼儿就形成了攻击的习惯。

▲ 紧张的家庭氛围

此外，家庭的情感氛围也影响着幼儿的攻击性行为。有些家庭存在父母关系紧张、冲突不断或者父母离异等情况，这种不良的亲子关系和父母婚姻上的冲突往往使幼儿产生情绪障碍和大量的行为问题，包括攻击性行为。

（2）不良榜样

美国心理学家班杜拉通过实验证明，幼儿的攻击性行为是观察学习的结果，由于幼儿模仿性强，是非辨别能力差，因此，很容易模仿其周围人的攻击性行为。家长惯用暴力惩罚的方式教育幼儿以及容许幼儿表现攻击性冲动，这样幼儿就会以同样的方式对待其他幼儿，表现出攻击性行为。所以，经常靠体罚来约束幼儿攻击性行为的家长，往往会增加该幼儿的攻击行为。

2. 遗传因素

遗传因素将使幼儿携带某种先天性的攻击性行为的基因倾向，这种倾向会在后天环境中，在一定刺激作用下得到表现或强化，从而出现攻击行为。其原因在于遗传将延迟小脑的成熟，传递快感的神经道路发育受阻，因而比较难感受和体验愉快与安全。另外，攻击行为还与人体内分泌腺和雄性激素分泌过多有关。

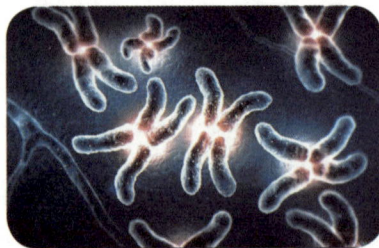

▲ 遗传因素

3. 幼儿园教育因素

某些幼儿在幼儿园中与老师感情交流较少，特别是过集体生活时间短的幼儿，他们希望老师能多关心自己，但因班上幼儿多，老师照顾不周，致使他们产生了受冷落或被孤立的心理, 于是便希望通过极端行为来引起老师和同伴的注意。此外, 老师的不公平待遇也会导致幼儿攻击性行为的产生。

4. 同伴关系因素

随着幼儿的成长, 同伴间的影响渐渐增强, 有时候甚至超过家长和教师的作用。被同伴拒绝参与活动将增加幼儿攻击性问题行为的发生。由于这些孩子容易被同伴拒绝, 与同伴的交往机会受限, 他们控制自身行为的能力和协调人际关系的技能得不到锻炼。此外, 被拒绝的幼儿往往认为别人都是怀有敌意的, 因此会更加频繁地使用攻击手段。

5. 幼儿生理特征因素

(1) 幼儿心智尚不健全

某些幼儿打人是因为内心的控制欲强, 想控制别人并以此为乐, 一旦愿望得不到满足便动手打人。当幼儿打人被批评后, 虽然当时承认了自己的错误但也留下了"只要我打人马上会引起他人的注意"的印象。某些幼儿看到被打的人哭泣害怕, 便以为自己力量强大, 错误地产生自恃心理, 致使攻击性行为得到强化。

▲ 同伴关系因素

> **强化**
> 强化是指通过某一事物增强某种行为的过程。

(2) 幼儿大脑尚未发展均衡

行为是大脑认识的直接结果, 而大脑的功能又是认识活动的物质基础。攻击行为可能是在大脑两半球处在非平衡状态下所产生的行为。有研究表明, 具有攻击行为的幼儿与正常幼儿比较, 大脑两半球均衡性发展较低, 显示左半球抗干扰能力较差, 右半球完成认识能力较弱。

任务 4

假设你是案例"'不听话'的惩罚"中小翔班级的老师, 你将如何针对小翔当下及今后长期的攻击性行为设计应对方案? 你会如何与小翔的家长沟通?

1. 你将如何应对小翔当下的攻击性行为?

----

2. 你将如何长期应对小翔的攻击性行为？

⋯⋯⋯⋯⋯⋯⋯⋯⋯⋯⋯⋯⋯⋯⋯⋯⋯⋯⋯⋯⋯⋯⋯⋯⋯⋯⋯⋯⋯⋯⋯⋯⋯

⋯⋯⋯⋯⋯⋯⋯⋯⋯⋯⋯⋯⋯⋯⋯⋯⋯⋯⋯⋯⋯⋯⋯⋯⋯⋯⋯⋯⋯⋯⋯⋯⋯

⋯⋯⋯⋯⋯⋯⋯⋯⋯⋯⋯⋯⋯⋯⋯⋯⋯⋯⋯⋯⋯⋯⋯⋯⋯⋯⋯⋯⋯⋯⋯⋯⋯

⋯⋯⋯⋯⋯⋯⋯⋯⋯⋯⋯⋯⋯⋯⋯⋯⋯⋯⋯⋯⋯⋯⋯⋯⋯⋯⋯⋯⋯⋯⋯⋯⋯

⋯⋯⋯⋯⋯⋯⋯⋯⋯⋯⋯⋯⋯⋯⋯⋯⋯⋯⋯⋯⋯⋯⋯⋯⋯⋯⋯⋯⋯⋯⋯⋯⋯

3. 在小翔离园时，你会如何与他的家长沟通，请设计对话并分小组进行表演。

我：⋯⋯⋯⋯⋯⋯⋯⋯⋯⋯⋯⋯⋯⋯⋯⋯⋯⋯⋯⋯⋯⋯⋯⋯⋯⋯⋯⋯⋯⋯

家长：⋯⋯⋯⋯⋯⋯⋯⋯⋯⋯⋯⋯⋯⋯⋯⋯⋯⋯⋯⋯⋯⋯⋯⋯⋯⋯⋯⋯

我：⋯⋯⋯⋯⋯⋯⋯⋯⋯⋯⋯⋯⋯⋯⋯⋯⋯⋯⋯⋯⋯⋯⋯⋯⋯⋯⋯⋯⋯⋯

家长：⋯⋯⋯⋯⋯⋯⋯⋯⋯⋯⋯⋯⋯⋯⋯⋯⋯⋯⋯⋯⋯⋯⋯⋯⋯⋯⋯⋯

我：⋯⋯⋯⋯⋯⋯⋯⋯⋯⋯⋯⋯⋯⋯⋯⋯⋯⋯⋯⋯⋯⋯⋯⋯⋯⋯⋯⋯⋯⋯

家长：⋯⋯⋯⋯⋯⋯⋯⋯⋯⋯⋯⋯⋯⋯⋯⋯⋯⋯⋯⋯⋯⋯⋯⋯⋯⋯⋯⋯

我：⋯⋯⋯⋯⋯⋯⋯⋯⋯⋯⋯⋯⋯⋯⋯⋯⋯⋯⋯⋯⋯⋯⋯⋯⋯⋯⋯⋯⋯⋯

家长：⋯⋯⋯⋯⋯⋯⋯⋯⋯⋯⋯⋯⋯⋯⋯⋯⋯⋯⋯⋯⋯⋯⋯⋯⋯⋯⋯⋯

我：⋯⋯⋯⋯⋯⋯⋯⋯⋯⋯⋯⋯⋯⋯⋯⋯⋯⋯⋯⋯⋯⋯⋯⋯⋯⋯⋯⋯⋯⋯

家长：⋯⋯⋯⋯⋯⋯⋯⋯⋯⋯⋯⋯⋯⋯⋯⋯⋯⋯⋯⋯⋯⋯⋯⋯⋯⋯⋯⋯

我：⋯⋯⋯⋯⋯⋯⋯⋯⋯⋯⋯⋯⋯⋯⋯⋯⋯⋯⋯⋯⋯⋯⋯⋯⋯⋯⋯⋯⋯⋯

家长：⋯⋯⋯⋯⋯⋯⋯⋯⋯⋯⋯⋯⋯⋯⋯⋯⋯⋯⋯⋯⋯⋯⋯⋯⋯⋯⋯⋯

我：⋯⋯⋯⋯⋯⋯⋯⋯⋯⋯⋯⋯⋯⋯⋯⋯⋯⋯⋯⋯⋯⋯⋯⋯⋯⋯⋯⋯⋯⋯

学习支持 ④

★ 应对幼儿当下攻击性行为的方法

第一步	制止攻击性行为，将攻击幼儿与被攻击幼儿分离	
	应对攻击幼儿	**应对被攻击幼儿**
第二步	1. 倾听并帮助攻击者平复情绪，找出发生攻击性行为的原因（如：争夺玩具、吸引教师注意力等）； 2. 提供非暴力的解决方法（如：轮流玩）； 4. 指导攻击者尝试使用非暴力手段解决问题	安抚被攻击幼儿的情绪，并查看幼儿是否受伤
第三步	引导攻击幼儿与被攻击幼儿沟通、道歉、和解	

★ 长期应对幼儿攻击性行为的方法

1. 给幼儿以榜样示范

教师和家长都有责任加强自身修养，为幼儿树立良好的榜样。教师应提供互助合作的平台，让幼儿通过模仿和学习身边的好人好事，培养其谦让、合作等良好的心理品质。当某个幼儿出现谦让、互助、合作等行为时，教师应给予及时的表扬和肯定，以确定一个正确的榜样，通过强化而使幼儿形成固定的、适应社会的正确行为模式。

对于有攻击性行为的幼儿，教师应给予榜样示范或直接教其正确解决冲突的方法，另一方面也应及时地对幼儿攻击性行为进行矫正，矫正的重点不在于训斥、批评

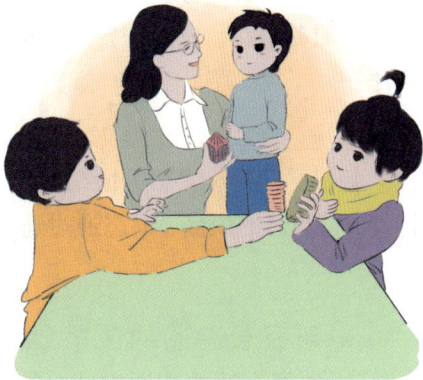
▲ 榜样示范

幼儿的攻击性行为，而是在于及时使幼儿明确通过非攻击性行为来解决问题、达到目的的方式和方法。

2. 培养幼儿移情、换位思考的能力

移情指个体体验他人情绪的能力，即幼儿设身处地地站在别人的位置上，从别人的角度去体验他人情感的能力。心理学的研究表明，攻击者在看到受害者明显痛苦时往往会停止攻击。然而，攻击性很强的幼儿则不然，他会继续攻击受害者，这是因为他们缺乏移情技能。除了家长应从小培养幼儿的移情能力外，幼儿教师也可在幼儿的一日生活中融入移情方面的教育，使幼儿明白攻击性行为会给别人带来痛苦，甚至导致严重后果。教师可以利用角色扮演法，让那些爱欺负人的幼儿扮演挨打者的角色，让他们细心体验被欺负时的心情，想象自己挨打时的恐惧、悲伤、

▲ 移情、换位思考

委屈的情绪反应，并要求幼儿将之表达出来。经过这样的角色扮演过程，可抑制具有攻击性行为的幼儿的攻击冲动。

3. 对幼儿的攻击行为进行冷处理

因为某些幼儿发生攻击行为的原因在于想吸引他人的注意力，所以，当此类幼儿发生攻击性行为时，成人可以暂时不予理睬，如把幼儿一个人关在房间里，让他（她）思过、反省，直到他（她）自己平静下来为止。这种方法的好处在于被隔离的幼儿在短时间内无法接触到之前的攻击对象，也无法通过向他人"倾诉"而始终保持其敌意、愤怒、委屈等负性情绪。如果把这种方法与鼓励亲善行为的方法配合使用，如幼儿发生分享、合作、互助等积极行为时进行表扬、鼓励，效果会更好。

4. 减少环境中易产生攻击性行为的刺激

相关研究表明，环境对于幼儿的影响显著大于成人。所以，教师及家长有责任帮助幼儿生活在一个有良好家庭氛围、有充裕时间玩耍以及有多种多样玩具的环境中，这样幼儿攻击行为会明显减少。成人需要给予幼儿足够的时间、足够的玩具且不让其看暴力电视和讲攻击性语言。

5. 教会幼儿正确宣泄情绪

烦恼、挫折、愤怒等情绪容易引发幼儿的攻击性行为，因此要教会幼儿懂得宣泄自己的情绪，把自己的烦恼、愤怒通过适当的途径宣泄出来。

★ 与家长沟通的注意要点

① 选择合适的沟通方式（如：电话、微信等），现场沟通应注意选择私密性较好的场所。

② 肯定幼儿的优点、进步。例如：

小翔妈妈，小翔很机灵，学东西也很快。

③ 说明幼儿发生攻击性行为的具体情况，并阐述引起这一行为的原因（结合"幼儿攻击性行为的形成原因"中的内容）。例如：

小翔在幼儿园经常抢其他小朋友的玩具。

小翔妈妈，我们在家里有没有经常给小翔看带有暴力色彩的动画片？

④ 叙述幼儿园目前的处理方式（结合"应对幼儿当下攻击性行为的方法"、"长期应对幼儿攻击性行为的方法"中的内容）。例如：

小翔妈妈，我们正在尝试引导小翔学习正确索要玩具的方法。

我们想通过榜样学习的方法引导小翔。

我们会安排一些角色游戏，让小翔体验一下被欺负时的恐惧感受，培养他的换位思考能力。

⑤ 指出家园合作的必要性，并提供家庭可以实施的改善策略（结合"长期应对幼儿攻击性行为的方法"中的内容）。例如：

▲ 交换玩

小翔妈妈，我们在家里也可以潜移默化地灌输小翔使用非暴力手段解决问题的方法，比如轮流玩、交换玩。

我们可以引导小翔多为别人着想。

在家里，我们尽可能不要让小翔观看带有暴力倾向的电视。

学而时习之

淘气的锴锴

　　锴锴是个特别淘气的中班男幼儿，经常有意无意地打伤和撞伤同伴，在班上有着很高的"知名度"，就连班上从未与他谋面的家长都知道他的大名，因为孩子在家里经常会提到他。锴锴与同龄的幼儿相比，情绪变化得比较快，高兴了会大喊大叫，不如意了，就乱扔玩具，自控能力较差，对自己喜欢的东西有强烈的占有欲，经常因为争抢小朋友的玩具而起争执，甚至攻击别的小朋友。另外，他的动作带有很大的随意性，经常有意无意推倒小朋友，有时还会冷不丁地突然撞在老师的身上，要老师抱他，这样他会特别高兴和亢奋。

练习1: 请分析案例"淘气的锴锴"中锴锴攻击性行为产生的原因。

练习2: 根据锴锴的攻击性行为,请设定你认为有效的应对方案以及与其家长沟通的方法。

应对方案

与家长沟通的方法

幼儿说谎行为识别与应对

学习目标

1. 能根据自身经验并通过资料收集的方式，掌握幼儿说谎行为的特征及表现。
2. 能够通过案例分析，了解幼儿说谎行为发生的成因。
3. 能处理幼儿当下的说谎行为。
4. 能根据幼儿说谎行为的不同成因设置合理的应对机制。
5. 能与发生说谎行为的幼儿及其家长进行有效的沟通。

学习准备

1. 阅读课堂教学案例：老师，我肚子痛。
2. 通过网络搜集"幼儿说谎行为"的相关资料，初步了解这一问题行为。

案例

老师，我肚子痛

开学一个月了，小一班的幼儿们逐渐适应了幼儿园的生活，哭闹的情况得到了好转。每天清晨，幼儿们都会按时来幼儿园参加活动。不过一到午餐的时间，班里就会出现奇怪的事。

当老师召唤幼儿们一同来吃饭时，妞妞总会立刻大哭起来。在老师的询问下，妞妞就会吞吞吐吐地告诉老师，她肚子痛得很厉害！那神情看上去非常痛苦。老师们会立刻带妞妞去卫生室找保健老师诊断，但由于腹痛很难根据幼儿的描述

▲ 老师，我肚子痛

进行清晰的判断，老师们只得电话联系妞妞的家人，直到家人来园接回妞妞，似乎病痛就被有效缓解了。

之后，此类事件屡次发生，而更令老师们疑惑的是：不仅妞妞有这样的情况出现，班里陆续又出现了几个经常喊"头痛"、"眼睛痛"、"喉咙痛"的幼儿，很快，老师便找到了这一现象真正的原因。

任务 1

1. 你认为妞妞的肚子痛是真的还是假的?

☐ 真的　　　☐ 假的

2. 请你猜猜老师找到的原因是什么呢?

_____

_____

_____

_____

学习支持 1

★ 什么是幼儿说谎行为

说谎是一种以欺骗他人为目的、心口不一致的表达方式。幼儿说谎在生活中具有一定的普遍性。说谎往往被人们视为一种因品质恶劣而产生的行为,但对于幼儿来说,"说谎"的原因是多方面的且性质各不相同,不能一概而论,需要具体问题具体分析。

任务 2

如何区分幼儿的说谎行为? 谈谈你的看法。

_____

_____

_____

_____

_____

学习支持 2

每位父母都不希望自己的孩子成为一个不诚实的人,其实,孩子们也知道说谎是不好的。然而,来自美国的调查数据表明:全美国有三分之二的幼儿在 3 岁前就学会了说谎话,到了 7 岁,98% 的幼儿都说过谎。

★ 幼儿说谎的类型

根据心理因素来看，幼儿的说谎大致可分为无意说谎和有意说谎两大类。

1. 无意说谎

无意说谎是指幼儿分不清想象与现实之间的界限，企图用言语描述某种幻想的东西。例如：

- 4岁的菲菲吃早饭时煞有介事地对妈妈说："昨天，许多小矮人来到我的房间，还有白雪公主，我们玩得开心极了。"
- 3岁的明明早上起床时，床上湿了一大片，妈妈问是怎么回事，他狡辩："我没有尿床，是我睡觉时出的汗。"
- 5岁的东东在幼儿园说："我奶奶给我买了一把漂亮的玩具枪，哒哒哒……"可是老师向东东的妈妈问起这事才知道，东东的奶奶并没有给东东买玩具枪，奶奶原来答应要买，但因为有事还没买成。

▲ 东东的玩具枪

2. 有意说谎

有意说谎是指那些带有明显欺骗目的的谎言。例如：

- 6岁的亮亮没有做家庭作业，老师收作业时，他说："我忘带作业本了。"
- 5岁的红红非常喜欢小朋友的玩具，她趁人不注意，把玩具放到了自己兜里，老师在她兜里发现了玩具，一再问她，她就是不说玩具是自己拿的。她说："我也不知道是谁放在我兜里的。"

▲ 不是我拿的

因此，幼儿撒谎并不意味着幼儿性格顽劣，要根据幼儿说谎的类型来区分。有时，从"实话实说"到"耍小聪明"，是幼儿在努力地以更高级、更复杂的方式来探索世界的过程。因此，教师和家长应该学会欣赏幼儿的"小聪明"，将这种"小聪明"引导成大智慧。

任务 3

请根据以上无意说谎及有意说谎中的案例，总结幼儿无意说谎及有意说谎的原因。

无意说谎的原因	
有意说谎的原因	

学习支持 3

★ 无意说谎的原因

幼儿的无意说谎行为主要是因其自身的生理特点造成的，可表现在以下两个方面：

1. 认知水平较低

幼儿的心智发育尚未成熟，认知能力处于萌芽阶段，缺乏辨别是非的能力，自我控制能力较弱，幼儿的记忆处在无意记忆阶段，有意记忆的发展还不完善，且幼儿的思维处于具体形象思维阶段，他们只能记忆像儿歌、图画等生动形象的内容，对于抽象的东西完全不感兴趣，所以他们的记忆功能发挥得不好。同时，幼儿的口语和理解能力发展得也不够完善，加上幼儿模仿能力极强，他们有时会直接根据自己的理解来模仿成人的言语，因此存在一定的局限性。

由于思维方式不同，幼儿眼里"正确"的事物，有时不能被成人理解，甚至被认为是错误的。最终导致幼儿与成人之间不能很好地相互理会，成人就认为幼儿是说谎者。

另外，人的大脑皮层是逐步发展和完善的，而幼儿的大脑皮层发展得还不够完善，这就造成了幼儿的判断思维能力是不稳定的，比如一个幼儿对同伴说："我见过长翅膀的猪。"

2. 不善于区分现实和想象

德国教育学家施鲁克教授说过："幼儿第一次有意义的说假话是他成长过程的一个重大进步，幼儿说谎标志着他有了想象力"。

调查发现，3—6岁幼儿想象力极为丰富，大部分3岁幼儿会把现实和想象混在一起编出"谎话"来。因为虽然幼儿想象力比较丰富，但语言能力尚不发达，无法分辨事实与想象间的差距，容易陷入幻想中。比如，许多动画片中的语言和动作夸张，幼儿容易信以为真，把想象当成现实。

▲ 幼儿想象力丰富

严格来说，这种幻想式谎言并不是真正意义上的谎言，家长和教师无须过分担心，更没有必要批评幼儿，而是应该尽可能理解幼儿的真实想法，帮助他们区分幻想与现实。

★ 有意说谎的原因

有意说谎者在说谎时会表现出恐惧、内心紧张、脸红等情绪体验。这类说谎行为才是教师值得重视的问题，这将关系着幼儿今后一生的发展。幼儿有意说谎的原因可以总结如下：

1. 害怕受惩罚，不敢面对现实

这类说谎行为的发生往往是因恐惧心理所致，而家长或教师滥施惩罚是造成幼儿产生恐惧心理的主要原因。比如：有的家长害怕幼儿变坏，常常不问清事由就训斥、责备，甚至打骂幼儿；有的家长性格粗暴，幼儿稍有不当之处就会训斥打骂。这些错误的家庭教育方式很容易造成幼儿的恐惧心理。幼儿做错了事，为了开脱责任，逃避打骂、训斥，甚至惩罚，就会有意说谎。

其实，幼儿有时做错一些事并非故意，当他（她）向父母或教师说出实情时，父母或教师应对孩子的诚实进行表扬，并提醒他（她）下次不要犯同样的错误。如果父母或教师一味地对其进行惩罚，幼儿今后可能就不再敢说真话了，从而导致幼儿养成说谎话的坏习惯。

▲ 害怕受惩罚

2. 满足个人虚荣心

在幼儿的群体交往与生活中，相互的比较和竞争不可避免。为了不使自己在比较中处于劣势，幼儿有时会不顾一切地夸大事实，甚至编造谎言。比如：

小朋友子轩看到东东在玩坦克车，自己明明没有坦克车，却会不假思索地说："我妈妈给我买了很多坦克车，比你的好玩。"

▲ 满足个人虚荣心

可以看出，这种说谎行为恰恰反映了子轩渴望获得坦克车的愿望。往往幼儿口中说的"我有"或"我早就玩过了"等等，常常不仅是流露愿望，而且也是在掩饰和克制愿望。

随着年龄的增长，幼儿已能意识到自己所说的话与实际情况有出入或者是虚构的，但是因为虚荣心在作怪，促使幼儿说谎。幼儿期的心理特点之一是喜欢听好话，期望得到别人的赞美和表扬，这也是幼儿的情感需要。

3. 模仿他人行为

社会学习理论认为，幼儿不良行为的形成是由于示范作用引起的学习结果。幼儿说谎的一个重要原因是由于成人的不良影响和不当的教育方法。父母和教师是幼儿心目中的最尊敬和信赖的"权威人物"。他们的言行举止对幼儿起着巨大的启迪和效仿作用。特别是幼儿家长的说谎行为，常是造成幼儿说谎的直接原因。有的家长说话随便，表态轻率，不计后果。比如：

▲ 模仿他人行为

孩子生病了害怕吃药，这时家长就会想方设法地让他吃药，有的家长就会说："好好吃药，吃了药身体好得快，等你身体好了妈妈就带你去动物园。"可是等孩子病好了之后，妈妈却把对他的承诺丢到了九霄云外，忘得一干二净，当孩子问妈妈为什么说话不算数时，妈妈却若无其事地对他说："那是妈妈哄你的。"

还有的家长当着自己孩子的面就经常不说实话，例如：

家里来了电话，爸爸就说："如果是找我的，就说我不在。"

另外，有的家长喜欢夸大其词，把一件微不足道的事情吹得天花乱坠，孩子受此影响也会不知不觉地进行模仿，效仿成人吹牛说谎。

以上的这些言行往往会使幼儿产生言不必信、说和做是两回事的错觉，故而在生活中，幼儿自己也会发生说和做脱节或凭空乱说等行为。

4. 为得到更多的关爱

幼儿渴望得到老师、父母的爱和关注，这些爱和关注对幼儿心理健康发展具有十分重要的意义。如果幼儿这方面的心理需要得不到适当满足，幼儿很可能就会做出不符合常规要求的行为。所以，幼儿可能会利用说谎来引起老师、父母的关注。比如，幼儿爱装病。有的幼儿装病是为了得到父母的关爱，所以故意说肚子痛；有的幼儿装病是为了在家看好看的动画片等。

▲ 幼儿装肚子痛

任务 4

假设你是案例"老师，我肚子痛"中妞妞班级的老师，你将如何针对妞妞当下及长期的说谎行为设计应对方案？你会如何与妞妞的家长沟通？

1. 面对妞妞当下的说谎行为，你会怎么做？

_____

_____

------

2. 对于妞妞今后可能出现的、长期的说谎行为，你会如何应对？

------

3. 如果你是妞妞的老师，在孩子离园时，你会如何与她的家长沟通，请设计对话并分小组进行表演。

我：------

家长：------

我：------

家长：------

我：------

家长：------

我：------

家长：------

我：------

家长：------

我：------

家长：------

我：------

学习支持 ④

★ **应对幼儿当下说谎行为的方法**

第一步：不当众拆穿

教师不可当众揭穿幼儿的谎言，这样会伤害说谎幼儿的自尊心，可以由幼儿喜欢、信任的那名教师带着他(她)到较为私密的场所,一对一地与他(她)谈话。

第二步：循循善诱

教师可以耐心地引导幼儿说出自己的真实意图。如果幼儿说出实话,不可责骂,而是立即肯定他(她)的勇气与担当。例如:

师:妞妞,你告诉老师,妞妞是肚子痛还是有些想回家了呢?没关系的,老师是妞妞的朋友,朋友之间什么都可以说哦。(引导幼儿说出真实意图)

(如果妞妞承认想回家)师:妞妞能勇敢地说出实话,老师很高兴,真棒!(肯定她)

> "说谎是心理畸变中最严重的缺点之一"。
>
> ——意大利教育家蒙台梭利

第三步：说明影响

教师可以告诉说谎幼儿,如果满足他(她)的真实意图,会产生哪些影响。例如:

师:妞妞,如果你现在回家,爸爸妈妈是不是就不能上班了?(告知会产生的影响)

第四步：转移注意

教师可以选择适当的方式来缓解说谎幼儿的情绪,比如和幼儿玩他(她)喜欢的游戏,聊聊他(她)感兴趣的话题,读他(她)喜欢的故事书等。如果幼儿想念家人了,教师也可以通过电话、微信等方式让他(她)与父母通话,缓解焦虑。例如:

师:妞妞,你想爸爸妈妈了是吗?虽然我们现在还不能回家,但是也可以和他们联系的,我们现在就打电话给他们,好吗?(缓解焦虑)

师:娃娃家里的宝宝想妞妞了,我们去抱抱她好吗?(转移注意)

▲ 与孩子家长通电话

第五步：一言为定

教师可以同说谎幼儿约定,下次直接把真实意图告诉老师,老师会帮助他(她)的,不要采用说谎的方式。例如:

师:妞妞,来和老师拉勾勾,以后想回家直接和老师说,不能再说谎噢。(进行约定)

★ 长期应对幼儿说谎行为的方法

1、创造民主、自由的成长环境

家庭是幼儿成长的第一个环境,使幼儿养成健康心理品质的最重要的因素是为幼儿创造一个民主、愉悦的生长

▲ 和谐的家庭氛围

环境。在这样的家庭氛围下，家长信任孩子、尊重孩子，在孩子犯错误时愿意给他一个替自己辩解的机会，这样孩子就不会一做错事便产生恐惧心理。所以作为教师，我们也应引导幼儿家长去营造一个互相尊重、互相信任、诚实祥和的家庭心理环境。

2. 合理引导幼儿正视说谎行为

引导是培养幼儿行为方式中最有效的方式，引导为幼儿提供了认知意义上的标准，幼儿在社会交往中理解了错误信念从而具备了说谎的能力，可看作是幼儿成长的一种自然规律。教师教育的重点应着眼于创设控制幼儿运用说谎这种能力的环境上，给予幼儿安全的心理环境，让幼儿感觉没有必要说谎。心理学研究表明：对幼儿错误的"宽容"，往往能给幼儿提供反思和改正的机会。教师和家长如果能及时帮助幼儿分析其说谎的原因，帮助他们应对挫折，并在他们改正之时及时给予肯定，幼儿诚实的品质就会得到充分强化，从而引导他们的行为逐步向社会所期望的有益的方向发展。

▲ 合理引导幼儿正视说谎行为

3. 以身作则

英国教育家斯宾塞说过："野蛮产生野蛮，仁慈产生仁慈。"父母是幼儿的第一任老师，是幼儿效仿的第一榜样，是最直接、最有效的诚信教育播种者。因此，父母一定要严格要求自己做到诚实守信。比如，家长对孩子或他人的承诺要认真履行，犯错后及时承认错误并认真改正，即使是无意忘了也要诚恳地认错。此外，教师也要以身作则，给幼儿树立一个好榜样。家长和教师一定要注意日常生活中的细节，处处保持讲诚信、不说谎的好形象，让幼儿在潜移默化中逐步养成诚信的好品质。

▲ 以身作则

4. 加强家园联系

家园间及时、积极的沟通是干预、纠正幼儿谎话行为及帮助其养成诚实品格的重要保证。教师和家长之间要密切联系并互相配合，及时了解幼儿在家、在园的情况，齐心协力，一以贯之，这样才能有利于幼儿诚实品格的形成。

★ 与家长沟通的注意要点

① 选择合适的沟通方式（如：电话、微信等），现场沟通应注意选择私密性较好的场所。

② 肯定幼儿的优点、进步。例如：

　　妞妞妈妈，妞妞很懂事，也很乖巧，我们老师都很喜欢她。

③ 说明幼儿说谎行为的具体情况，并阐述其产生的原因（结合"什么是幼儿说谎行为"、"无意说谎的原因"、"有意说谎的原因"中的相关内容）。例如：

　　妞妞说谎是因为她想你们了，想得到你们更多的关心。

④ 说明幼儿说谎的不同类型，并叙述幼儿园目前的处理方式（结合"幼儿说谎的类型"、"应对幼儿当下说谎行为的方法"、"长期应对幼儿说谎行为的方法"中的内容）。例如：

　　妞妞妈妈，孩子说谎分为有意说谎和无意说谎。

　　妞妞如果想你们了，我们会通过电话、微信和你们联系，让妞妞和你们说说话，缓解她的情绪。

　　我和妞妞已经约定过了，以后不再说谎了。

⑤ 指出家园合作的必要性，并提供家庭可以实施的改善策略（结合"长期应对幼儿说谎行为的方法"中的内容）。例如：

　　妞妞妈妈，我们在家里也可以将自己的一些不说谎、讲诚信的行为在妞妞面前多表现。（家长的榜样作用）

⚓ 学而时习之

说谎的开开

　　关于午睡前脱衣裤的问题，我们班的小朋友们经过半个学期的训练差不多都能够自己脱了，并能把衣裤叠好。除了个别动手能力较差的幼儿，比如开开，他的衣裤都是其他小朋友帮他脱掉的。我很重视这个问题，所以跟开开说，请他回家叫爸爸妈妈教他怎样脱衣裤。有次跟开开妈妈交流时说到了这个问题，他妈妈说："早上起床我教他穿衣服时，他总说有小朋友帮我穿的。"一天午睡前，我又看到可心在帮开开脱衣裤，我想小朋友之间互相帮助也是件好事。上床午检时，我就问了开开一声："今天你的衣服、裤子是自己脱的吗？"他想也没想就点了点头，我再问了一遍，他还是点头，我大声地说："说谎的小朋友要被警察叔叔抓走的！"他还是对我点了点头。

▲ 说谎的开开

练习1：阅读案例"说谎的开开"，并分析开开说谎行为产生的原因。

练习2: 根据开开的说谎行为,请设定你认为有效的应对方案以及与其家长沟通的方法。

应对方案

与家长沟通的方法

幼儿分离焦虑行为识别与应对

🌞 学习目标

1. 能根据自身经验并通过资料收集的方式，掌握幼儿分离焦虑行为的表现。
2. 能了解幼儿分离焦虑行为的概念、类型及表现。
3. 能判断幼儿的行为是否属于分离焦虑行为。
4. 能够通过案例分析，了解幼儿分离焦虑行为发生的成因。
5. 能处理幼儿当下的分离焦虑行为。
6. 能根据幼儿分离焦虑行为的不同成因设置合理的应对机制。
7. 能与发生分离焦虑行为的幼儿及其家长进行有效的沟通。

🎈 学习准备

1. 阅读课堂教学案例：我要奶奶。
2. 通过网络搜集"幼儿分离焦虑行为"的相关资料，初步了解这一问题行为。

案例

我要奶奶

在刚入园的两个星期里，小班区域总是传来此起彼伏的哭声，尤其是在幼儿刚到园、吃点心、吃午饭、睡午觉的时段，哭闹声特别厉害。圆圆是小二班的新生，长得虎头虎脑的，还有一双水汪汪的大眼睛，他是所有小班孩子中哭闹得最厉害的。两个星期后，大部分小朋友已经适应了幼儿园，每天都能开开心心地来园。可是圆圆依旧哭闹得很厉害，总喊着"我要奶奶"。他午饭只肯吃一点点，嘴里总嘀咕着要回家，午睡也一直哭泣，完全不能入睡，哭得厉害时还会呕吐。而且老师还发现，圆圆的奶奶总是悄悄地在教室外面看圆圆，眼角还闪着泪光。已经一个月过去了，圆圆的情况依旧。

▲ 我要奶奶

任务 ①

1. 你觉得圆圆的这一行为在幼儿园常见吗?

  ☐ 常见   ☐ 不常见

2. 你觉得圆圆为什么会离不开奶奶呢?

_____

_____

_____

_____

学习支持 ①

★ 什么是幼儿分离焦虑

分离焦虑是指婴幼儿因与亲人分离而引起的焦虑、不安或不愉快的情绪反应,又称离别焦虑。

幼儿出生6—7个月以后,开始害怕陌生人,并且当他们与妈妈或其他亲人分开时,还会表现出明显的不高兴。心理学研究证明,分离焦虑一般出现在孩子一周岁之前(社会性依恋),在出现后的14—20周时达到顶峰,然后在整个婴儿期和学前期,其强度逐渐减弱。

▲ 从婴儿期就可能出现分离焦虑

任务 ②

很多幼儿在父母或亲近的养育者离开时都会哭闹,那我们如何来判断幼儿到底属于分离焦虑还是一般的舍不得呢?请分别写下你的判断依据。

_____

_____

_____

_____

学习支持 ②

★ 幼儿分离焦虑的诊断

如果幼儿表现出了以下八项行为中的三项以上，并且持续的时间超过两周，那么可以判断该名幼儿具有分离焦虑行为。

1. 不切实际、持续地担心重要的依附对象受到伤害，或担心自己被抛弃

3岁以上的幼儿有时会表达出："我不要去幼儿园，妈妈会不见的"，"有坏人会来抓走我奶奶"等言语，担心依附对象离他（她）而去。

2. 不切实际、持续地担心灾难会发生在重要的依附对象上

幼儿会不切实际地担心离开主要依附对象后，会有灾难发生。比如，妈妈可能会被怪兽吃掉，爸爸可能被风刮走等。

3. 持续地不愿意上学，且是为了要和主要的依附对象在一起

一般刚刚入园或假期过后的幼儿，都有可能产生不愿意上学的情绪，但存在分离焦虑的幼儿长期不愿意上学，甚至为了不与主要依附对象分离，宁可待在家中。

4. 不愿意单独睡觉或单独离开家里

分离焦虑的幼儿在睡觉时常常会做噩梦，醒来后会观察主要依附对象是否在身边，如果不在就大哭大叫，一定需要有亲人陪伴。稍大一点后，他（她）仍然不愿意单独离开家，而是一定要父母或主要依附对象陪同。

5. 害怕单独一个人

存在分离焦虑的幼儿害怕一个人独处，但同时也可能出现身边有其他对象时，仍然黏着主要依附对象的行为，经常出现"妈妈陪宝宝""妈妈抱宝宝"等言语，或出现紧紧抱着依附对象不愿松开等行为。

6. 重复出现分离主题的恶梦

由于担心主要依附对象离开、抛弃自己，分离焦虑的幼儿经常会做噩梦，并且主题经常是与亲人分离，比如：妈妈被坏人抓走了；宝宝被不认识的怪叔叔抱走了。

▲ 害怕单独一个人

7. 当预期到自己可能和主要依附对象分离时，会有多重的身体抱怨

当有分离焦虑的幼儿预期要与主要依附对象分离时，他（她）经常会抱怨自己身体不适，如：肚子疼、眼睛疼、嗓子疼等。

8. 当预期可能或已经和主要的依附对象分离的时候，会感觉到过度的痛苦

有分离焦虑的幼儿在离开家或依附对象时，或预期依附对象要离开时（如看到妈妈拿包、穿鞋等），他（她）不仅会哭泣，而且往往无法被安抚，还会合并呕吐、恶心、胃痛、肚子痛、发烧等症状。比如，曾经有幼儿因为不想离开妈妈，全身抽搐并在地上打滚持续1个小时以上。

任务 3

请结合案例及你的经验，分析幼儿产生分离焦虑的原因，并填写下表。

原因1	
原因2	
原因3	
原因4	
原因5	

学习支持 3

★ **幼儿分离焦虑行为的产生原因**

1. 环境的巨大变化

幼儿从家庭迈入幼儿园，随着生活环境发生的巨大改变，幼儿心理上也需要度过一段特殊时期，即"心理断乳期"。

（1）生活规律和生活习惯的改变

幼儿园有相对固定的一日生活时间表，吃饭、盥洗、上课、起床的时间都相对固定，而幼儿在家中的生活规律并不一定与此相符。有的家庭生活作息比较随意，一切以幼儿的意愿为中心；有的幼儿甚至有一些不良的生活规律和习惯，如：晚上熬夜、早上睡懒觉等；有的幼儿则精力旺盛，没有睡午觉的习惯。据调查，一些幼儿就是因为怕在幼儿园睡午觉而不愿意来园。因此，在入园之初，有的幼儿会不习惯固定化的生活制度。此外，一些幼儿在家中养成了挑食、偏食的不良饮食习惯，到幼儿园后不愿意进食一些食物；而有的幼儿则在家中从来不喝白开水（幼儿园提供的饮水都是白开水）。这些都可能成为幼儿发生分离焦虑的原因。

▲ 幼儿园一日作息时间表

（2）成人与幼儿的关系

幼儿入园之初，由于见到的教师和小伙伴都是陌生的面孔，容易感到不安。此外，由于幼儿园是集体教育，师生比例大部分为 1∶15 或者 1∶20，也就是说一位成人负责照顾 15—20 名幼儿，这和幼儿在家中的环境有着天壤之别。在家里，幼儿得到的是一对一，甚至是几对一的无微不至的关怀和照顾。比如，许多幼儿在家中睡觉时要有大人陪伴，而在幼儿园则须独自入睡。这使得幼儿在入园之初就感觉"失去"了亲情和温暖。

▲ 无微不至的关怀

另外，幼儿在幼儿园不可避免地会处于一种竞争的环境之中，例如：如何获得教师对自己的注意和关怀，如何占据自己喜欢的玩具等。因此有一些幼儿在入园之初会感到不知所措，从而产生分离焦虑情绪。

（3）陌生的教室环境

当幼儿初次踏入教室时，教室的环境对他来讲是完全陌生和新鲜的。无论是桌椅的摆放还是盥洗室的设备等都与家中不同。这在使幼儿感到好奇和新鲜的同时，也会引起他们的恐慌和不安。比如，有的幼儿在家中大便时是用坐式的尿盆或者抽水马桶的，而大部分幼儿园则是蹲式的，这会使幼儿感到不适应，从而引起心理上的压力。

▲ 陌生的教室环境

（4）要求的提高

在幼儿园中，教师要求幼儿具备一定的独立和自理能力，包括：自己吃饭、自己穿（脱）衣裤、自己上床睡觉、能控制大小便、自己游戏、遵守一定的规则等。这些要求都有可能使幼儿感到是一种挑战和压力。

▲ 自己吃饭

▲ 入园哭闹

2. 家庭的因素

家长的教养方式是幼儿入园适应快慢的重要因素之一。实践证明，在平时不娇惯幼儿，注重幼儿独立能力培养，鼓励幼儿探索新环境和与新伙伴一起玩的家庭，其幼儿入园的适应期就较短，幼儿初入园的情绪问题也较少。而在那些娇宠溺爱、一切包办代替的家庭中的幼儿则需要较长的适应期。甚至有一些幼儿由于环境的巨大差异和转折而出现情绪和生理上的问题。比如，有的幼儿会过分哭闹，甚至出现夜惊、梦魇或者腹泻、生病等问题。

3. 自身个性与经验

研究证明，在入园之前有与家长分离经验的幼儿比较容易适应幼儿园的生活。此外，性格外向、活泼大胆的幼儿要比那些性格内向、安静胆小的幼儿更容易适应幼儿园的生活。

拓展阅读

依恋关系

幼儿之所以产生了分离焦虑的情感，其根源在于幼儿发展出了属于自己的依恋关系。

1. 依恋——婴儿最初的社会行为

依恋是婴儿寻求并企图保持与另一个人亲密的身体联系的一种倾向，这个人主要是母亲，也可以是父亲、祖父母等别的抚养者，或与婴儿联系密切的人，主要表现为啼哭、笑、吸吮、喊叫、咿呀学语、抓握、身体接近、偎依和跟随等行为。

▲ 依恋关系

2. 依恋的发展阶段

（1）无差别的社会反应阶段（从出生到3个月）

这一阶段的婴儿会出现社会性微笑，且对所有的人反应相同。

（2）有差别的社会反应阶段（3—6个月）

这一阶段的婴儿在陌生人面前的反应频率会少于在亲人面前的。

（3）特殊的情感联结阶段（6个月到2岁）

这一阶段的婴幼儿与陌生人相处时，会产生焦虑，且特别喜欢和母亲在一起。

（4）目标调整的伙伴关系阶段（2岁以后）

这一阶段的幼儿能够考虑母亲的需要，从而调整自己的行为。

3. 依恋的三种类型

依恋的三种类型为安全型、回避型和反抗型。

安全型	·占65%—70%左右 ·当妈妈离开时，会有些许不安；当妈妈回到身边时，会感觉很开心
回避型	·占20%左右 ·当妈妈离开时，此类型婴儿没有什么反应；当妈妈返回时，也无反应
反抗型	·占10%—15%左右 ·当妈妈离开时，此类型婴儿会歇斯底里地反抗；当妈妈回来时，则出现矛盾心情（既想亲近妈妈，又生妈妈的气）

任务 ④

假设你是案例"我要奶奶"中圆圆班级的老师，你将如何针对圆圆当下及长期的分离焦虑行为设计应对方案，你会如何与圆圆的家长沟通？

1. 面对圆圆当下的分离焦虑行为，你该如何应对？

---

2. 你将如何长期应对圆圆的分离焦虑行为?

3. 在圆圆离园时，你会如何与他的家长沟通，请设计对话并分小组进行表演。

我:

家长:

我:

家长:

我:

家长:

我:

家长:

我:

家长:

我:

学习支持 ④

★ 应对幼儿当下分离焦虑行为的方法

方法一：细心·照顾

幼儿的分离焦虑常伴随一些剧烈的应激反应，幼儿可能会出现身体不适（如：恶心、呕吐、头痛、腹痛等），教师要细心照顾。

方法二：转移注意力

当幼儿因分离焦虑开始哭闹时，教师可以通过让其看动画片、听故事，或带他（她）参观幼儿园等形式转移幼儿的注意力。例如：

师：圆圆最喜欢什么动画片？最喜欢哪个人物呀？老师给你讲讲这部动画片里的故事，好吗？（转移注意力）

方法三：耐心·安抚

教师应给予分离焦虑幼儿更多的关心和爱，让他们感觉在幼儿园也是被关怀着的。教师可以亲切地与其沟通，也可以通过肢体接触对其进行安抚，以此让幼儿安下心来。如果幼儿当时的情绪较为激动，可让其充分宣泄情绪后再处理。例如：

（圆圆哭闹时）老师抱着圆圆，轻轻地摸着他的小脑袋，温柔地说：圆圆，老师和奶奶一样喜欢你，你有什么话尽管和老师说。（通过肢体接触耐心安抚）

▲ 耐心安抚

★ 长期应对幼儿分离焦虑行为的方法

1. 与家长沟通

缓解幼儿分离焦虑的关键因素在于家长，教师可以将科学的分离焦虑应对方法告知家长，让家长配合自己共同帮助孩子度过这段特殊时期。

（1）降低亲子依恋强度，使幼儿与老师形成新的依恋关系

▲ 让幼儿和老师形成新的依恋关系

因为幼儿将父母作为自己安全的港湾，所有的事情都需要依靠父母来共同完成，所以在父母离开时便会产生这种分离焦虑情绪。所以，降低亲子依恋程度是家长首先要做的事情。在生活中，家长要适当地放手，让幼儿做自己能做的事，使其感受到成就感。此外，要让幼儿不产生焦虑，适应父母不在场的环境，就要让幼儿与老师建立新的依恋关系。家长平时要在孩子面前多夸奖老师的和气、漂亮；告诉孩子，幼儿园老师会讲很多故事、会唱歌、会带你们做游戏；在送孩子入园和接孩子回家时，可以刻意地在他（她）面前与老师进行友好的交流，让其觉得老师是爸爸妈妈的好朋友。每天入园的时候，在家里就应该和孩子说好，一把他（她）送到教室就会去上班，并且实际上也坚持这样做，不要表现出不舍，否则孩子一看到家长的不舍，也会不舍起来。

孩子回到家里，父母要问一问宝宝在幼儿园是怎么玩的，但不要带任何的暗示，就让孩子凭自己的理解和表达叙述出来，然后父母再以很夸张和惊讶的表情说：幼儿园这么好玩，有那么多小朋友和玩具，还有老师爱你们，和你们做游戏，我都想上幼儿园了。这样可以激发孩子上幼儿园的兴趣，加深其与老师的依恋程度。

（2）积极地引导

在幼儿入园之前，家长就要让孩子知道幼儿园是个有趣的地方，家长可以不断地跟孩子说：老师像妈妈一样地爱你，老师就像是你的朋友；你有什么不高兴的事，都可以和老师说；等等。这样做的目的是让孩子在心理上不排斥老师，这样老师才可以接近孩子并加以引导。家长可以告诉孩子：幼儿园里有很多小伙伴可以一起玩游戏，老师还会和大家一起做很多有意义的活动，可以学本领。在孩子入园后，家长也可以这样引导孩子：幼儿园的老师和小朋友都很喜欢你，希望明天和你继续一起玩。从而使孩子在心理上接受老师。

▲ 自己入睡

（3）注意对幼儿生活技能的培养

幼儿的生活自理能力差也是分离焦虑产生的原因，因为在幼儿园很多事需要自己动手做。所以在幼儿入园前，家长应该给予幼儿生活技能上的指导，比如：要求他（她）坐在桌子旁自己吃饭，不能在吃饭时随意走动；指导幼儿试着在大小便时自己脱、穿裤子，自己洗手；等等。

（4）增强幼儿园的吸引力

家长来接幼儿时，不要接了幼儿马上就回家。幼儿园一般会允许家长陪幼儿在户外活动场地的活动器械上玩一会儿。当幼儿玩得高兴时，家长应表示该结束了，并答应他（她）明天再来玩。这样，幼儿可能会"怀念"在幼儿园玩耍的情景，明天来园的动力就更强了。

（5）培养幼儿的社交能力

家长要让幼儿习惯多人养育，不要只依赖一个养育者，让幼儿尽量多接触家庭以外的小朋友和大人，要让幼儿拥有多个一起玩的小伙伴。此外，家长还要培养幼儿与陌生人打招呼的习惯，以克服其在陌生环境里的胆小、怕生等情绪。当小朋友来家里玩时，家长要鼓励孩子把玩具拿出来和其他小朋友分享，以培养其与人相处的能力。这样幼儿进入幼儿园时，就能与其他小朋友融洽相处，减少或避免分离焦虑的发生。

（6）创造良好的家庭环境

如果家长本身有焦虑倾向，就会对孩子产生不良影响。所以在家中，家长要创造一个良好的环境，控制好自己的焦虑情绪，以免影响孩子。

2. 幼儿园中的应对方法

（1）大手拉小手

小班教师可邀请大班的小朋友来到小班与弟弟妹妹一起进餐、做游戏、进行户外活动等，以满足幼儿集体归属感的需要。教师用这样的方法能帮助小班的幼儿将对父母的依恋情感转移到哥哥、姐姐身上，并在此过程中充分感受到集体的温暖与快乐。

（2）我的全家福

在陌生的环境中，让幼儿找到属于自己的东西能够有效缓解其分离焦虑情绪。所以，教师可让幼儿带全家福照片来园并贴到活动室的墙面上，让幼儿们找到家的感觉，感受到爸爸妈妈时刻在他们的身边。

（3）博客照片展

分离焦虑现象不只幼儿有，家长也有。为了解除家长的焦虑，教师可以用一张张的数码相片把新生在园的情况记录下来，并上传到班级博客、微信群等平台，让家长能更全面地掌握幼儿的在园表现。当家长看到

▲ 娃娃家中的全家福

幼儿们在园快乐活动的照片，也会大大降低其分离焦虑的情绪，从而对孩子产生积极的影响。

★ 与家长沟通的注意要点

① 选择合适的沟通方式（如：电话、微信等），现场沟通应注意选择私密性较好的场所。

② 肯定幼儿的优点、进步。

③ 说明幼儿分离焦虑行为的具体情况及诊断依据（结合"什么是幼儿分离焦虑"、"幼儿分离焦虑的诊断"中的内容）。例如：

> 圆圆妈妈，圆圆的这种情况属于分离焦虑。
>
> 圆圆在幼儿园经常喊"我要奶奶"，哭得很厉害，还经常呕吐。
>
> 圆圆在家有没有向你们表达过不想离开奶奶的意愿？

④ 了解幼儿在家的相关情况（如：个性特点、经验及家庭环境等），并阐述幼儿分离焦虑行为产生的原因（结合"幼儿分离焦虑行为的产生原因"中的内容）。例如：

> 圆圆在家是不是比较安静、内向，平时不太出去和小朋友玩？
>
> 圆圆在家是不是主要由奶奶照顾的？

⑤ 叙述幼儿园目前的处理方式（结合"应对幼儿当下分离焦虑行为的方法"、"长期应对幼儿分离焦虑行为的方法"中的内容）。例如：

> 圆圆妈妈您放心，我们会特别注意圆圆的身体状况，小心照顾他的，也请奶奶不要悄悄来园看圆圆，这样会让孩子更焦虑。

　　平时圆圆哭闹起来，我们会讲一些他喜欢的故事来转移他的注意力。

　　我们会组织大手拉小手的活动，让圆圆充分感受集体的温暖。

　　圆圆妈妈，你能带一张全家福照片来园吗？我们会贴在墙上，缓解孩子的分离焦虑情绪。

　　⑥ 指出家园合作的必要性，并提供具体的家庭策略，如：增强幼儿自理能力、家庭成员多夸奖教师、增加幼儿园吸引力等（结合"长期应对幼儿分离焦虑行为的方法"中的内容）。例如：

　　平时在家要让圆圆独立地做一些力所能及的事情，让他更有自信。

　　在家里，你们可以多和圆圆聊聊老师，告诉他，老师和奶奶一样爱他。

　　平时接圆圆离园时，可以让他在幼儿园的活动器械上玩一会儿，当他玩得高兴时就带他回家，让他对幼儿园有念想。

　　我们会经常拍些孩子在园活动时的照片并上传到班级博客群。

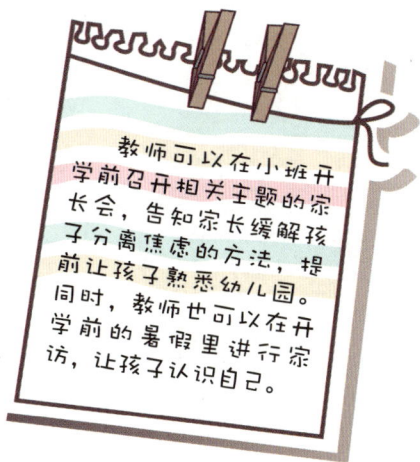

> 教师可以在小班开学前召开相关主题的家长会，告知家长缓解孩子分离焦虑的方法，提前让孩子熟悉幼儿园。同时，教师也可以在开学前的暑假里进行家访，让孩子认识自己。

⚓ 学而时习之

焦虑的蕾蕾

　　蕾蕾入园已经一个多月了，但她一进教室，就哭："妈妈，不要走。"妈妈一走，她就会找上一个老师，嘴里说："我要回家，我要妈妈。"老师只能抱着安慰她，但过不了多久，蕾蕾就又开始叫妈妈了，就这样反反复复的，能持续一天，连午睡都不愿意入睡。

▲ 焦虑的蕾蕾

练习1：请分析案例"焦虑的蕾蕾"中蕾蕾分离焦虑行为产生的原因。

练习2：根据蕾蕾的分离焦虑行为，请设定你认为有效的应对方案以及与其家长沟通的方法。

应对方案

与家长沟通的方法

幼儿任性（发脾气）行为识别与应对

学习目标

1. 能根据自身经验并通过资料收集的方式，掌握幼儿任性（发脾气）行为的表现及分类。
2. 能够通过案例分析，了解幼儿任性（发脾气）行为发生的成因。
3. 能处理幼儿当下的任性（发脾气）行为。
4. 能根据幼儿任性（发脾气）行为的不同成因设置合理的应对机制。
5. 能与发生任性（发脾气）行为的幼儿及其家长进行有效的沟通。

学习准备

1. 阅读课堂教学案例：爱发脾气的莎莎。
2. 通过网络搜集"幼儿任性（发脾气）行为"的相关资料，初步了解这一问题行为。

案例

爱发脾气的莎莎

莎莎是个漂亮聪明的小女孩，每天都会穿着精致的小裙子来幼儿园，远远望去，就像一个来自童话王国的小公主，但这般模样的可爱宝贝却一点儿也不受班里小伙伴的欢迎，班里的幼儿都不愿意和她交朋友。原因就是：莎莎太爱发脾气了。

▲ 爱发脾气的莎莎

邻座的雅君带来了一个新的芭比娃娃，莎莎见了就会嘟起嘴，生气地说"你的娃娃没有我的好看"；强强不小心碰了一下莎莎的新裙子，莎莎就会一跺脚，气哼哼地说"你弄脏了我的新裙子，讨厌"；娃娃家里丽丽已经当上了妈妈，莎莎非要做妈妈，遭到拒绝后，莎莎更是又摔玩具又哭鼻子，大声嚷着"我讨厌你们"……

这样一来，渐渐的，班里没有小朋友愿意和莎莎一起玩了，莎莎的脾气未见好转，反倒越发变大了，可回到家，莎莎却时常告诉妈妈，自己因为没有朋友而感到很孤单。看来从内心深处，莎莎是非常想改变这一现状的，只是幼小的她始终找不到解决问题的正确方法和途径。

任务 1

你觉得莎莎的行为属于哪种问题行为？请写下你的依据。

学习支持 1

★ 什么是幼儿任性（发脾气）行为

　　任性行为就是任由自己主观的性情和喜好去做事，或对个人的需求和愿望毫不克制，全然不理会他人的感受的行为。

　　严格来说，发脾气是幼儿愤怒情绪的一种表达。两岁左右的幼儿是最容易发脾气的，当其生理需求不能被满足时，比如饿了、困了或生病期间，情绪就容易爆发。不过，这种情绪爆发的持续时间一般都很短，大多数情况只维持在五分钟以内。随着年龄的增长，幼儿愤怒情绪的持续时间就会更长。

　　发脾气也是幼儿对成人或同伴要求的一种反应方式。国外有心理学家把幼儿发脾气区分为两种类型：操作性发脾气和气质性发脾气。

▲ 幼儿发脾气

1. 操作性发脾气

　　操作性发脾气是指幼儿通过发脾气来得到他们想要的东西。比如，到超市购物时，幼儿想要玩具但没有得到满足，有些幼儿就会倒地耍赖，以此达到得到玩具的目的。

2. 气质性发脾气

　　气质性发脾气是指幼儿气质中的某方面受到侵犯，所以做出强烈的愤怒反应。比如，全家出去玩的时候，父母事先说好的行程安排突然改变了，适应力差的幼儿就可能会发脾气。又如，对某些面料敏感的幼儿，就可能会因为穿衣服的事情爆发情绪。

任务 2

请再次仔细阅读案例，并分析莎莎通过发脾气想得到什么？原因是什么？

学习支持 ②

★ 幼儿任性（发脾气）行为的产生原因

1. 隔代教养

在中国，隔代教养非常常见，祖辈不仅溺爱孙辈，也不敢严加管教，这是造成孩子任性的主要原因。现在尽管许多年轻的父母都已经意识到其中的弊端，但由于双方都得上班，又信不过保姆，因此只能无奈地把隔代教养进行到底。

▲ 隔代教养

2. 家长缺乏耐心

许多家长在孩子不听话时，起初会坚持原则教导孩子，可当孩子继续为所欲为时，有的家长会缺乏耐心，认为"反正教了他也不会听""幼儿还小，不懂事，等他大了自然就会好的"，而放弃继续教导。其实，幼儿的自制力还没有觉醒，他们大多都希望照着自己的想法去做，因此家长必须坚持原则。假如在幼儿尚小的时候不尽教导的责任而是一味妥协，可能会造成孩子将来的无理取闹。

3. 幼儿自制能力差、易冲动

幼儿的思维带有片面性及刻板性，因此容易任意妄为。成人不了解幼儿的这种心理特点，不问缘由地用训斥、打骂等方式回应幼儿的一切"不合理要求"，从而导致幼儿产生逆反心理，以执拗来对抗成人的粗暴，助长了他们的任性行为。

4. 家长的教养方式不当

幼儿发生任性（发脾气）行为时，家长的态度如何以及家长是否注意幼儿日常行为规范的养成等，这些都是幼儿是否会发展为任性（发脾气）问题行为的重要原因之一。随着人们生活条件的改善和独生子女比例的增加，不少幼儿成为家庭的中心，幼儿想做什么就做什么，缺乏行为规范和

▲ 孩子成为家庭的中心

自我约束意识。此外，有的家长对幼儿在知识方面要求严格，而在个性品质、行为习惯、社会适应性等方面没有要求，这样的教养方式可能会造成幼儿的过分任性行为。

5. 同伴交往机会缺乏

随着人们居住条件的改善，出现了不少"高楼幼儿"，这些幼儿很少有机会与其他幼儿一起玩，导致幼儿的玩伴由成人来替代。由于亲子交往是一种不平等的交往，因此往往是成人造就幼儿。在这种不平等的交往情景里，如不是有意识地对幼儿进行教育培养，幼儿就会缺少互助、合作的意识，缺乏谦让、自制的行为。

任务 ③

假设你是案例"爱发脾气的莎莎"中莎莎班级的老师，你将如何针对莎莎当下及长期的任性（发脾气）行为设计应对方案？你会如何与莎莎的家长沟通？

1. 面对莎莎当下的任性（发脾气）行为，你会怎么做？

----

2. 你将如何长期应对莎莎的任性（发脾气）行为？

----

3. 如果你是莎莎的老师，在孩子离园时，你会如何与她的家长沟通，请设计对话并分小组进行表演。

我：----------------------------

家长：--------------------------

我：----------------------------

家长：--------------------------

我：_____

家长：_____

我：_____

家长：_____

我：_____

家长：_____

我：_____

家长：_____

我：_____

学习支持 ③

要正确应对幼儿的任性（发脾气）行为，首先要对幼儿心理的发育特点有所了解。幼儿性格的形成是分阶段的，其中2—4岁的幼儿正好处在性格的萌芽期，也是幼儿的"第一反抗期"。这时期的幼儿不像以往那么听话了，会经常和成人"闹独立"，力图摆脱成人的约束，不要成人帮忙。他们对一切事物都想亲历亲为、弄个明白。但是，由于幼儿还不具备自我约束的能力，因此这种亲历亲为的心理通常会在不合适的情况下表露出来，家长或教师如果断然拒绝，反而会刺激幼儿的任性（发脾气）行为。但也正因为幼儿处在性格萌芽期，他们对事物的领受能力特别快，因此这期间对其进行正确的教导往往会收到事半功倍的效果。

> 如果你从幼儿出生后第二天才开始管教的话，你就晚了一天。
> ——美国儿科医生史比尔

★ 应对幼儿当下任性（发脾气）行为的方法

第一步：不予理睬

当幼儿因自己的要求得不到满足而使性子时，教师可以采取不予理睬的态度让幼儿冷静下来。因为当幼儿在哭闹时，越被关注就越容易强化他们的哭闹。例如：

（莎莎又开始发脾气了）老师并没有理睬她，不训斥也不安慰，而是继续如常地组织其他小朋友进行活动。莎莎哭着哭着，见没人理她，觉得没意思了，渐渐停了下来。（不予理睬，让幼儿冷静下来）

此外，教师也可以尝试通过转移注意力的方法来使幼儿停止哭闹。例如：

（莎莎想要雅君的娃娃）老师引导莎莎看向小木马，师：老师知道莎莎也很喜欢玩小木马，你看，小木马来找你玩了哦。（转移注意力）

第二步：耐心倾听

当幼儿做出让步之后，教师需要告诉他们刚才这样发脾气是不对的，并认真倾听他们发脾气的理由。例如：

（如果莎莎冷静下来了）师：莎莎，刚才这样又哭又闹是不对的，老师是不会理你的。（告知发脾气是不对的）

师：好了，现在你平静下来了，老师想听听莎莎为什么哭闹。（认真倾听理由）

第三步：正确引导

如果幼儿的理由是不合理的，教师可以向幼儿解释不能这么做的原因，让幼儿明白他们的不合理要求是不会被老师接受的，接着告诉他们正确处理这一问题的方式。

如果幼儿的理由是合理的（如：没有被理解、受到忽视等原因），教师可以采取共情的方法来安抚他们的情绪，并告知正确处理这一问题的方法。例如：

（如果莎莎是因为想要抢着当娃娃家的妈妈而发脾气）师：今天是丽丽先当上妈妈的，我们不应该去争抢，更不应该这样哭闹。老师知道莎莎当不了妈妈很难过，那丽丽如果当不上妈妈是不是也和莎莎一样难过？我们轮流当妈妈，好吗？（告知正确的处理方法）

（如果莎莎是因为小朋友不愿和她玩而发脾气）师：莎莎想和他们一起玩，但是他们不愿意，莎莎很难过是吗？老师也很难过，但是莎莎知道他们为什么不愿和你玩吗？就是因为莎莎爱发脾气，来，老师带你一起去找小朋友玩，但是莎莎不能乱发脾气哦。（共情并引导幼儿）

★ 长期应对幼儿任性(发脾气)行为的方法

1. 明确告诉幼儿该做什么

一位幼儿园教师讲了这么一件事：她家隔壁有个两岁的小朋友飞飞，每天只要醒着，定要大人带他到楼下的花园里玩滑梯或荡秋千。飞飞家住九楼，没有电梯，有时妈妈抱着他刚买好菜回到家里，他马上就嚷着要去滑滑梯了。妈妈说太累了，不去了行不行，他就摇着头叫嚷得更加厉害。每当这时，妈妈总是会拖着疲惫的脚步带着他再次下楼。

其实，当幼儿吵闹的时候，不要问他"行不行"，而是要明确告诉他"妈妈很累，睡醒午觉后再去"。这样有利于提高幼儿的是非辨别能力，减少任性行为的发生。这位教师和飞飞的妈妈沟通后，飞飞妈妈马上照做，这一招果然灵。从此，这位妈妈对孩子说话时尽量会使用"很晚了，该睡觉了"、"天凉了，要多穿一件衣服"这样表示明确意思的语言，而不使用"宝宝乖，睡觉好不好"等让幼儿选择的话语。

▲ 明确告诉幼儿该做什么

2. 转移注意力

幼儿的注意力一般比较分散，对同一事物的兴趣持续的时间不长，很快会被其他的新鲜事物所吸引。因此，家长和教师如果能抓住孩子的这一心理特点，转移他们的注意力，就能够"救"自己脱离困境。例如：

杰仔的妈妈有一次在打手机的时候被杰仔看见了，杰仔非要拿来玩不可。妈妈说小孩儿不许动大人的东西，杰仔就急得直跺脚。这时，爸爸对杰仔说："宝贝，我们一起打电话给奶奶吧，奶奶想杰仔了。"杰仔马上停止了哭闹，跑去和爸爸玩了。

▲ 转移注意力

3. 提升社会交往能力

很多幼儿乱发脾气是因为他们不知道如何正确地与伙伴沟通，所以成人要为孩子多创造与同龄人交往的机会，并且抓住日常生活中的一切机会引导幼儿学习正确的人际交往技巧。比如，当幼儿想加入别人的游戏时，我们可以引导他们说："我可以和你们一起玩吗？"当幼儿想玩别人的玩具时，可以说："借我玩玩，好吗？"或者用自己的玩具和小朋友交换玩。当幼儿能顺利同小伙伴交往时，他们的任性行为就会减少。

4. 耐心对待

▲ 耐心对待

在管教任性幼儿的时候，一定要尊重他们，态度要温柔，耐心倾听他们的诉求，用他们听得懂的语言告诉他们为什么不可以这样。如果幼儿的要求是合理的，应该要满足他。比如，有的教师在处理幼儿任性行为时，仅仅告诉他们"不对"、"不行"、"不可以"，而没有深入地去了解幼儿为什么任性（发脾气），他们的目的是什么。

成功的教育者能够从幼儿的角度来看问题，设身处地地体会幼儿的想法和感受。为师之道，关键在于解读幼儿行为背后的含义，用正确的办法化解幼儿的任性（发脾气）行为。

★ 与家长沟通的注意要点

① 选择合适的沟通方式（如：电话、微信等），现场沟通应注意选择私密性较好的场所。

② 肯定幼儿的优点、进步。

③ 说明幼儿任性（发脾气）行为的具体情况，并阐述其产生的原因（结合"什么是幼儿任性（发脾气）行为"、"幼儿任性（发脾气）行为的产生原因"中的相关内容）。例如：

莎莎妈妈，莎莎是不是平时不太和同龄的小朋友玩？所以不知道怎么同小朋友沟通。

④ 叙述幼儿园目前的处理方式（结合"应对幼儿当下任性（发脾气）行为的方法"、"长期应对幼儿任性（发脾气）行为的方法"中的内容）。例如：

莎莎妈妈，我们现在通过不予理睬的方式让莎莎先冷静下来，因为我们马上安慰她的话，她会哭闹得更厉害，但是您放心，我们其实在悄悄地关注她。

我们会让莎莎把发脾气的原因告诉我们，然后我们再告诉她正确的解决方式。

⑤ 了解幼儿家庭教养方式。

莎莎妈妈，莎莎在家里发脾气时，你们是怎么处理的？

⑥ 指出家园合作的必要性，并提供家庭可以实施的改善策略（结合"长期应对幼儿任性（发脾气）行为的方法"中的内容）。例如：

莎莎发脾气时，我们也可以通过不予理睬或转移注意力的方式来让她冷静，之后再耐心询问她发脾气的原因。

如果莎莎无理取闹，我们家长不能迁就，也不要用商量的口气，而是需要明确地告诉她该怎么做。

⚓ 学而时习之

乱发脾气的小女孩

有一次我到商场去买东西，看到一个小女孩两腿乱蹬、双手乱舞，躺在地上大哭大叫，在她的身边却没有任何人。我担心这孩子是走丢了，便走到她身边把她抱了起来，问她爸爸、妈妈在哪里。这个时候，小女孩的爸爸急忙走了过来。他告诉我说，小女孩又在公共场所乱发脾气，所以他假装不要她了，偷偷地藏在一边，希望孩子能够自己止住哭声。

▲ 乱发脾气的小女孩

练习1：请分析案例"乱发脾气的小女孩"中小女孩任性（发脾气）行为产生的原因。

练习2：你觉得小女孩爸爸的做法对吗？假设你是小女孩的老师，你会给予她父母怎样的建议？

幼儿注意力缺陷多动障碍行为识别与应对

学习目标

1. 能够识记幼儿注意力的特点。
2. 能根据自身经验并通过资料收集的方式，掌握幼儿注意力缺陷多动障碍行为的定义、类型及表现。
3. 能够通过案例分析，了解幼儿注意力缺陷多动障碍行为发生的成因。
4. 能处理幼儿当下的注意力缺陷多动障碍行为。
5. 能根据幼儿注意力缺陷多动障碍行为的不同成因设置合理的应对机制。
6. 能与发生注意力缺陷多动障碍行为的幼儿及其家长进行有效的沟通。

学习准备

1. 阅读课堂教学案例：动不停的凯凯。
2. 通过网络搜索"幼儿注意力缺陷多动障碍行为"的相关资料，初步了解这一问题行为。

案例

动不停的凯凯

　　刚满5岁的凯凯是大一班年龄最小的幼儿。进入大班后，老师发现凯凯与同班幼儿的差异更为明显了，表现在凯凯无论参加任何集体活动时，总是无法全身心投入，喜欢东张西望，甚至会从自己的口袋里翻出一些小玩意摆弄半天，从未见他主动举手表达自己的想法。即使被老师邀请，他也常常答非所问。

▲ 动不停的凯凯

　　不仅如此，老师在和凯凯妈妈交流后还发现：凯凯平时在家中也不能安静地看书和有耐心地玩游戏，只有在观看电视时，凯凯才能安静坐上一个小时。这一状况让凯凯的老师和家长都非常担忧，面对即将入学的凯凯，他们真的不知道该怎样改变凯凯的这种状况。

任务 1

1. 你觉得凯凯的行为属于正常行为还是问题行为？

   ☐ 正常行为　　　☐ 问题行为

2. 你认为凯凯的行为该如何定义？请写下你的理由。

学习支持 1

　　幼儿的注意力与成人的相比，具有自身的特点，所以在学习幼儿注意力缺陷多动障碍行为的识别与应对之前，我们需要先了解幼儿注意力的特点。

★ 幼儿注意力的特点

　　婴儿时期以无意注意为主，随着年龄的增长，生活内容逐渐丰富，活动范围逐步扩大，幼儿逐渐出现有意注意。

注意力

注意力是人的心理活动集中在一定的人或物的能力，它依据有无预定目的和是否需要意志努力可以分为有意注意、无意注意和有意后注意。

　　4—6岁的幼儿开始出现探究心理，喜欢东看看、西摸摸，新鲜的东西都能引起他们的注意。同时，由于语言能力的发展，幼儿开始能够服从成人要求，此时有意注意逐渐发展，但此时的有意注意的稳定性较差，易受外界因素的干扰而分散、转移，能集中注意力的时间往往只有几分钟，因此，不能因为幼儿好动就认为是注意力缺陷多动障碍。婴幼儿注意力集中时间如表1所示：

▲ 新鲜的事物都能引起幼儿注意

表1　婴幼儿注意力集中时间

年龄	注意力集中时间
1 岁以下	不超过 15 秒
1 岁半	5 分钟以上
2 岁	平均 7 分钟
3 岁	平均 9 分钟
4 岁	平均 12 分钟
5–6 岁	12–15 分钟

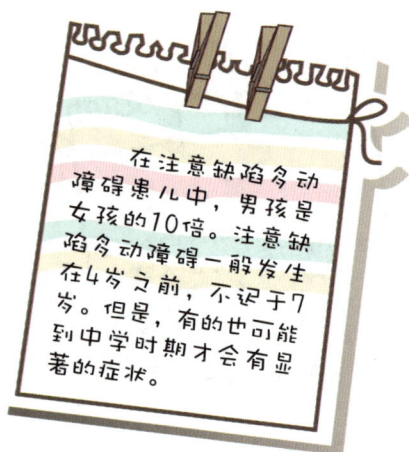

在注意缺陷多动障碍患儿中，男孩是女孩的10倍。注意缺陷多动障碍一般发生在4岁之前，不迟于7岁。但是，有的也可能到中学时期才会有显著的症状。

★ 什么是幼儿注意力缺陷多动障碍

注意力缺陷多动障碍俗称幼儿多动症，其发病原因有很多，是幼儿期至青少年期的常见病，有的甚至延续到成年。近年来受环境、教育等因素的影响，注意力缺陷多动障碍的发病率有逐年增高的趋势。

注意力缺陷多动障碍的特征有三个方面：即注意力缺陷、多动和冲动。

任务 2

请结合你的实际经验，总结幼儿除了案例中凯凯表现出的这些注意力不集中行为，还会有怎样常见的行为表现？

学习支持 2

★ 幼儿注意力缺陷多动障碍行为的表现

ICD-10（疾病和有关健康问题的国际分类标准）对注意力缺陷多动障碍行为的临床描述与诊断要点如下：

① 注意力在学习状态或其他有一定压力或要求的情况下不能有效集中。

② 注意力极易受无意义刺激的影响而发生转移。

③ 在需要安静的活动中难以安静下来，总是动来动去。

④ 学习或做事主动性较差。

⑤ 学习或做事易拖拉。

⑥ 做事不易考虑后果，行为冲动，常有破坏行为。

⑦ 有不良行为或习惯。

⑧ 情绪不稳定。

只要具备上述症状中的三种以上症状即可诊断为此障碍类型，且其中的第一条是必须具备的诊断要求。

★ 幼儿注意力缺陷多动障碍的类型

注意力障碍可分为：视觉注意力障碍和听觉注意力障碍。不同个体对不同刺激的敏感性不同，有的幼儿接受视觉刺激不专心，有的幼儿接受听觉刺激不专心，而另外一些患儿对视觉和听觉刺激均不专心。

视觉注意障碍	• 不喜欢看书，阅读时粗心马虎，容易出错
听觉注意障碍	• 上课特别不专心，平时别人对他说话也是似听非听，甚至让人产生他听力有问题的错觉

任务 3

假设你现在是案例"动不停的凯凯"中凯凯班级的老师，你来分析一下凯凯注意力不集中行为的产生原因会有哪些呢？

学习支持 ③

★ 幼儿注意力缺陷多动障碍行为的形成原因

1. 生理原因

由于幼儿大脑发育不完善，神经系统兴奋和抑制过程发展不平衡，兴奋占优势，从而造成注意力不集中。但只要教养得法，随着年龄的增长，绝大多数幼儿能逐渐延长注意时间。

2. 病理原因

幼儿存在轻微脑组织损害、脑内神经递质代谢异常。

3. 环境原因

比如，许多糖果、含咖啡因的饮料或掺有人工色素、添加剂、防腐剂的食物，会刺激幼儿的情绪，影响专心度。又如，幼儿的学习环境混乱、嘈杂、干扰过多也会影响幼儿的注意力。

4. 家庭教育方式

家长教育方式也是造成幼儿注意力缺陷多动障碍行为的主要原因之一。例如：

① 父母教养态度不一致。

② 家长太宠爱幼儿，使幼儿缺少行为规范。

③ 家长为幼儿买过多的玩具或书籍。

④ 家庭生活步调太快令幼儿不能适应。

⑤ 家里的活动太多，无法给幼儿提供安静的环境。

⑥ 幼儿在学习的过程中积累了不愉快的经验。比如：幼儿各方面的能力无法达到家长的要求；幼儿注意力不好时，家长给予强化。

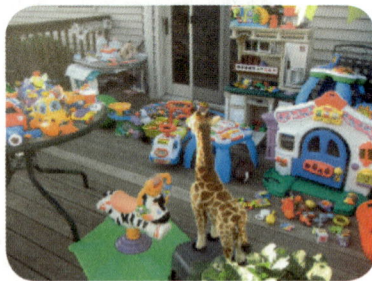

▲ 过多的玩具

⑦ 幼儿有情绪上的压力。比如，家长过多地批评、数落幼儿。

5. 心理原因

幼儿为了引起他人注意、得到关注或是为了逃避父母给予的过重的负担。

任务 4

　　假设你是案例中凯凯的老师，你将如何应对他的注意力缺陷多动障碍行为？你会如何与凯凯的家长沟通？

　　1. 面对凯凯当下的注意力缺陷多动障碍行为，你会怎么做？

----

　　2. 你将如何长期应对凯凯的注意力缺陷多动障碍行为？

----

　　3. 在凯凯离园时，你会如何与他的家长沟通，请设计对话并分小组进行表演。

我：--

家长：--

我：--

家长：--

我：--

家长：--

我：--

家长：--

我：--

家长：--

我：_____

家长：_____

我：_____

学习支持 ④

★ 应对幼儿当下注意力缺陷多动障碍行为的方法

方法一：安静注视

当幼儿注意力不集中时，教师可以停止讲话并注视他（她）。当你们眼神交汇时，教师可以再对其摇摇头或摇摇手。如果幼儿依然无法领悟，教师可以边看着他（她），边走近他（她）。

方法二：就近安排

教师可以将注意力不集中的幼儿安排在距离自己最近的位置。

方法三：间接表扬

当幼儿注意力不集中时，教师可以表扬其他注意力集中的幼儿。当该名幼儿也集中注意力了，教师立即表扬。例如：

师：悠悠可认真了，一直看着老师，一动也不动，凯凯也加油哦。（表扬其他幼儿）

（如果凯凯马上坐好不动了）师：凯凯坐得真好，一动也不动，大家要向凯凯学习哦。（强化）

方法四：游戏比赛

当幼儿注意力不集中时，教师可以通过组织游戏或比赛来激励该名幼儿集中注意力。例如：

（如果只有一名幼儿注意力不集中）师：凯凯，今天你如果能够坚持1分钟盯着老师看，就能得到五角星哦。（之后逐渐增加时间）

（如果有几名幼儿注意力不集中）师：凯凯、宁宁，明明，我们现在来比一比，谁的小眼睛能盯着老师看，谁的小脑袋一转也不转，谁坚持最久就可以得到五角星哦。

★ 长期应对幼儿注意力缺陷多动障碍行为的方法

1. 视觉注意训练法

让幼儿看一些照片或动物图片，并且提出一些问题。比如给幼儿看一张图片，让他（她）说说图片里都有些什么小动物，几只猫、几头牛、几只小兔子、几条蛇，它们都在干什么等。

▲ 动物图片训练注意力

2. 听觉注意训练法

给幼儿讲故事并事先说好，故事讲完了之后要提出问题让他（她）回答，也可以在讲故事前将问题告诉幼儿，效果会更好。

3. 动作注意训练法

动作注意训练法是通过让幼儿完成特定的动作来达到训练注意力的目的，可以进行"请你跟我这样做"这个游戏：大家围一个圈，前一个人做什么动作，紧挨着他（她）的人就学着做这个动作，第三个人又学第二个人的动作，以此类推，谁要是跟不上就要罚唱歌。这项游戏可以让小朋友们一起来玩，也可以全家人一起玩。

▲ 动作注意训练法

25	8	14	10	19
7	24	17	11	13
23	16	1	9	21
15	18	2	4	20
22	12	3	6	5

▲ 舒尔特方格训练法

4. 舒尔特方格训练法

舒尔特方格是指在一张方形卡片上画上 $1\,cm \times 1\,cm$ 的25个方格，格子内任意填写上阿拉伯数字1—25。训练时，要求幼儿用手指按1—25的顺序依次指出其位置，同时诵读出声，成人在一旁记录所用的时间。数完25个数字所用时间越短，幼儿的注意力水平就越高。

★ 与家长沟通的注意要点

① 选择合适的沟通方式（如：电话、微信等），现场沟通应注意选择私密性较好的场所。

② 肯定幼儿的优点、进步。

③ 说明幼儿注意力缺陷多动障碍的具体情况，并描述本班幼儿注意力的一般水平（结合"幼儿注意力的特点"、"什么是幼儿注意力缺陷多动障碍"中的相关内容）。例如：

凯凯妈妈，凯凯5岁，一般能有12—15分钟的集中注意力时间，但是目前凯凯做不到。

④ 叙述幼儿园目前的处理方式（结合"应对幼儿当下注意力缺陷多动障碍行为的方法"、"长期应对幼儿注意力缺陷多动障碍行为的方法"中的内容）。例如：

凯凯妈妈，我现在让凯凯坐的位置是离我最近的，这样我能更好地提醒凯凯集中注意力。

⑤ 指出家园合作的必要性，并提供可在家庭中实施的注意力训练方法（结合"长期应对幼儿注意力缺陷多动障碍行为的方法"中的内容）。例如：

凯凯妈妈，我们可以通过视觉、听觉以及动作注意力训练法来帮助凯凯提升注意力水平。

⑥ 如果幼儿的注意力缺陷多动障碍行为非常严重，教师也需要建议家长带孩子及时就医。

拓展阅读

注意力训练的小游戏

1. 小帮手

幼儿对父母的日常用品很关注。出门前，可以让他帮忙找成人的手袋。手袋要一直放在规定的地方，待幼儿熟悉后，悄悄挪动位置，但不要藏匿，让他稍加寻找就可以看见。幼儿找到后，要感谢他，并引导他说出手袋应该放在何处。同样的游戏，可转换成找拖鞋、找衣服等。寻找物件的游戏目标明确，容易使幼儿集中注意力。同时，幼儿还能养成井井有条的习惯，有益于其形成理性思维和良好的注意力。

2. 找不同

在一幅图片上，有长耳朵动物（如：兔子等），有短耳朵动物（如：熊猫等），长耳朵和短耳朵动物各两三种。成人可以让幼儿找出长耳朵动物，再找出短耳朵动物。这个游戏也可以改成找长尾巴动物和短尾巴动物、找有烟囱的屋子和没有烟囱的屋子，同样也可借助专门的找不同的书或游戏软件来进行。

▲ 找不同

3. 一模一样

成人与幼儿面对面，成人报眼睛、鼻子、嘴巴、耳朵、手、脚的同时触摸相关部位，幼儿跟着做，比谁的准确性高、速度快。开始时，难度较低，成人一个一个报部位，随着熟练程度的提高，成人可以连续报三个部位，如"眼睛、鼻子、嘴巴"，让幼儿连续触摸，报的速度也可逐渐加快。这个游戏可以在高度兴奋中凝聚起幼儿的注意力。游戏开始时可不强调左和右，熟练后可分左右，如"左耳、右脚"等，增加难度。

⚓ 学而时习之

妈妈的抱怨

一位妈妈抱怨道："孩子现在三岁多，上了快半年幼儿园了，和小朋友相处得很好，吃饭也乖，就是注意力老不集中。我们让他认字画画，他都坚持不了多久，一会儿就想往外面跑。"

练习1：请分析案例"妈妈的抱怨"中幼儿注意力缺陷多动障碍行为产生的原因。

练习2：根据案例中幼儿的行为，请设定你认为有效的应对方案以及与其家长沟通的方法。

幼儿依赖性行为识别与应对

☀ 学习目标

1. 能根据自身经验并通过资料收集的方式，掌握幼儿依赖性行为的定义及主要表现。
2. 能够知晓幼儿依赖性行为的诊断工具。
3. 能够通过案例分析，了解幼儿依赖性行为发生的成因。
4. 能处理幼儿当下的依赖性行为。
5. 能根据幼儿依赖性行为的不同成因设置合理的应对机制。
6. 能与发生依赖性行为的幼儿及其家长进行有效的沟通。

🎈 学习准备

1. 阅读课堂教学案例：沈阿姨的小尾巴。
2. 通过网络搜索"幼儿依赖性行为"的相关资料，初步了解这一问题行为。

案例

沈阿姨的小尾巴

妮妮是今年新入园的小班幼儿。刚进园时，妮妮整整哭了两周，在这段时间里，两位老师为了尽快帮助妮妮适应幼儿园生活，同时，也为了不影响班级其他活动的正常进行，特别安排了助教老师沈阿姨每天陪同妮妮。两周后，妮妮终于愿意愉快地上幼儿园了。可是，有趣的是，每天妮妮来幼儿园，第一件事就是寻找沈阿姨，找到沈阿姨后，妮妮就习惯性地抓住沈阿姨的衣角，做起了名副其实的"小尾巴"。

▲ 沈阿姨的小尾巴

沈阿姨走到哪儿，妮妮就跟到哪儿，几乎寸步不离。就连午睡，妮妮也一定要等到沈阿姨坐到她的床边，她才愿意闭上眼睛安静入睡，有时睡梦中还会呼喊"沈阿姨"，这让沈阿姨喜忧参半啊！

任务 ①

1. 幼儿依赖父母、老师是非常正常的，你觉得妮妮的行为和一般幼儿的依赖行为有什么不同？

一般幼儿的依赖行为：

妮妮的依赖行为：

2. 你觉得妮妮身上出现了什么样的问题行为？

学习支持 ①

★ 什么是幼儿依赖性行为

幼儿依赖性行为是指幼儿过分依赖父母（或看护人）且与其年龄不相符的一种不良行为。

幼儿依赖父母、教师或看护人无微不至的照护，从而产生一定的依赖现象是属于正常的，但有的幼儿独立生活能力特别差，过分依赖父母或教师，这就属于依赖行为了。比如，案例中的妮妮整天黏着沈阿姨，自己不能独立参与班级的任何活动。

▲ 幼儿过分依赖成人

任务 ②

除了案例中妮妮这样的行为表现，你在日常生活中还曾经观察到依赖性过强的幼儿会有哪些表现呢？

表现 1	
表现 2	
表现 3	
表现 4	
表现 5	
表现 6	

学习支持 ②

★ **幼儿依赖性行为的主要表现**

1. 害羞

幼儿在正常交往中表现出过分安静、不愿主动与人交流等现象或行为。

让点点妈妈头疼的是，每次家里有生人来，女儿点点总是表现出六神无主的样子。那么小的人儿，却显出与年龄极不相称的好静不好动。每次到朋友家里串门，她会一路吵着"不去"，即便是到了目的地，也像被钉在地上一样就是不进人家的家门。

▲ 幼儿害羞

▲ 幼儿缠人

2. 缠人

具有依赖性问题行为的幼儿容易表现出缠人、黏人的行为，他们总是会紧跟特定目标（如：某位老师、保育员等），这与幼儿所处环境的特殊性有关。因为有的幼儿从小缺乏同龄人的陪伴，使得孩子特别喜欢缠着成人。

球球在家就喜欢黏着外婆：外婆要织毛衣，他就拿线团当球踢；外婆要写东西，他又要抢笔。这让外婆又是好气又是好笑。

3. 恐惧

依赖性强的幼儿常常会莫名恐惧，缺乏安全感。比如，他们经常害怕地说：

"那声音太响了。"

"我梦里有怪兽。"

"到处都是危险。"

"我不去，我不知道会发生什么。"

▲ 幼儿恐惧

▲ 幼儿不合群

4. 不合群

幼儿的不合群表现为怕生，总是停留在班级、群体之外，郁郁寡欢，孤独沉默。

5. 重复

有的具有依赖性行为的幼儿喜欢重复看某部动画、某本绘本或是重复玩某样玩具，拒绝尝试新事物。

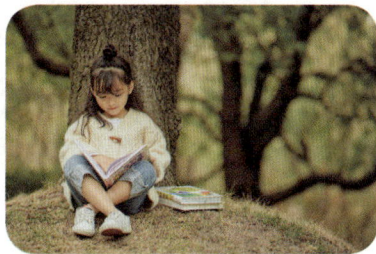

▲ 喜欢重复看某本绘本

幼儿依赖性程度等级评定量表

根据幼儿的各种表现，我们可以借助专业的量表工具，通过观察幼儿的行为来确定这是否属于依赖性行为。

教师可以根据幼儿平时的表现来评定幼儿依赖性行为的程度，其中5表示极多见、4表示常可见、3表示普遍、2表示不常见、1表示很少见。

幼儿依赖性程度等级评定量表

维度	操作定义	等级
1. 要求权威者的承认	常向老师询问"这样好不好"，始终按照老师的要求去做	5 4 3 2 1
2. 身体靠近或接触	常喜欢站在老师身旁或依偎着老师的身体，和同伴、朋友也是常拥靠着	5 4 3 2 1
3. 求他人帮助	积极求人帮助，自己会做的事也要求人帮助；常哭泣	5 4 3 2 1
4. 求他人支配	常问别人怎样去做，照着人家的话去做	5 4 3 2 1
5. 模仿他人的行为或作品	模仿长辈，或群体中最有影响的人物的言行，模仿别人的图画作品	5 4 3 2 1
6. 讨好别人	别人叫他（她）做什么，就很乐意地去做，别人要借什么，就立刻出借	5 4 3 2 1

如果幼儿的依赖性行为较严重，建议带幼儿至专业机构根据评定量表进行鉴定。专业机构能根据常模及评分标准做出科学评定。

任务 3

请结合案例及你的实际经验，分析依赖性行为的五种主要表现所产生的原因。

害羞	
缠人	

恐惧	
不合群	
重复	

学习支持 3

★ 幼儿依赖性行为产生的原因

1. 害羞的产生原因

（1）幼儿的天生气质

内向型的幼儿比较不爱动、胆小、害羞，而且适应性较差，对于新事物或陌生人经常会采取拒绝的态度，遇到不顺心的事情也较容易产生消极情绪。

（2）教养方式

一些家长或教师性子急，对幼儿缺乏耐心且要求过高、管教过严，或对幼儿指责、约束过多，使得幼儿形成害羞的性格。有的家长或教师经常采用惩罚、体罚、恐吓等方法教育幼儿，这样会使一些敏感、情绪不稳定的幼儿神经长期处于过度紧张的状态，时间久了就会变得胆小、孤僻。还有个原因是幼儿的家长保护过度，不让幼儿与外界接触，使得幼儿缺乏与他人交往的机会而变得胆小、害羞、依赖性强。

▲ 害羞

2. 缠人的产生原因

（1）缺乏关注

婴儿的啼哭不仅仅是因为肚子饿、尿布湿等原因，有时是为了吸引成人注意，要求成人抱他，这是一种情感需要。幼儿缠人也是同样的道理，有时问老师要这要那、跟老师捣蛋都不是目的，目的是要老师注意到他并和他交流感情。

（2）心理依赖

有个性、活动能力强、会玩的幼儿较少磨人。相反，有的幼儿过于娇生惯养，事事由父母包办，一旦离开父母或

▲ 缠人

老师的照顾就会显得无所适从。此外，在幼儿园中，如果教师不给予幼儿独立思考的空间，则会导致幼儿遇到难题时就寻求教师帮助，不会也不愿独立解决问题。

3. 恐惧的产生原因

▲ 恐惧

婴儿出生的头一年，恐惧往往是由巨大的噪声和强烈而陌生的刺激造成的，因为婴儿在出生时便失去了母体带来的安全感。在这一年里，他们开始接触外部环境，因此任何他们不熟悉的刺激、光线、声音都会使之产生恐惧感。

2—4 岁的幼儿容易害怕动物。有些动物很危险，但同时有些动物是人类的好朋友，所以教师要进行正确的引导。比如，教师可以通过让幼儿观看动物图片、摆弄动物造型的玩具、讲述有关小动物的故事等形式来减轻幼儿对动物的恐惧。

此外，幼儿常常会对暴雨、闪电和响雷感到恐惧。在自然环境中，暴雨通常很危险，教师应该告诉幼儿如何保护自己，但是，不能让幼儿的恐惧感变成一种持久的不快。

4. 不合群的产生原因

（1）依恋成人

一般来说，幼儿都有一个从依赖向独立转变的过程，而当这个过程中的正常的心理需求被成人有意或无意的忽视，亦或者粗暴地予以拒绝时，便会影响幼儿独立性的建立，从而产生过度依赖的心理。

（2）环境束缚

有的家庭过分保护幼儿，不准幼儿外出玩耍。由于长期缺乏与人交往的机会，幼儿因此变得十分胆怯，见到陌生人不会打招呼，也不会主动和其他小朋友一起玩。

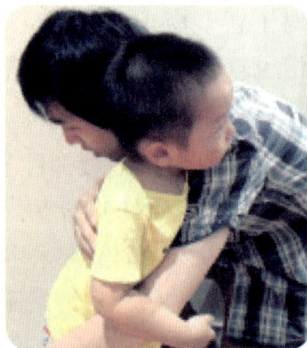

▲ 依恋成人

（3）心理压抑

比如，有些幼儿由于父母离异或在家庭中遭受某种挫折，导致不愿与人交往。又如，在幼儿园中，如果老师总是将一些表现不好的幼儿排除在班集体之外，也会加重幼儿的心理压抑程度，从而不愿意融入集体与人交流。

5. 重复的产生原因

（1）个性的原因

幼儿正处于个性发展阶段，所以开始表现出自身不同的个性特点。比如，有些幼儿喜欢重复看同一部动画片和图画书是因为喜欢熟悉的事物，个性使然。

（2）心理发展水平的原因

受到自身认知、想象、记忆等能力发展水平的限制，幼儿无法在短时间内接受大量信息。所以，幼儿在看相同的动画片和故事书时，都能够在重复中检验自己的记忆，从而体会成就感。

一般来说,这种现象随着幼儿的心智水平的提升而逐渐消失。

如果幼儿重复看动画片、故事书等现象特别严重,而且并未随着年龄增大而改善,这时家长需要适当引导。

任务 ④

假设你是案例"沈阿姨的小尾巴"中妮妮的老师,你将如何同沈阿姨配合来一起应对妮妮的依赖性行为? 你会如何与妮妮的家长沟通呢?

1. 面对妮妮当下的依赖性行为,你会怎么做?

_____

_____

_____

_____

_____

2. 你将如何长期应对妮妮的依赖性行为?

_____

_____

_____

_____

_____

3. 在妮妮离园时,你会如何与她的家长沟通,请设计对话并分小组进行表演。

我: _____

家长: _____

我: _____

家长: _____

我: _____

家长: _____

我: _____

家长: _____

我：_____

家长：_____

我：_____

家长：_____

我：_____

学习支持 ④

★ 应对幼儿当下依赖性行为的方法

第一步：约定分离

同该名幼儿约定短暂的分离时间，并如约返回。之后可逐渐加长分离的时间，且必须按照约定的时间返回。我们可以循序渐进地进行，不可强制地进行分离。例如：

沈阿姨开始和妮妮玩起了一个小游戏，她告诉妮妮：我们玩个小游戏，沈阿姨会离开1分钟，1分钟后会马上回来，看妮妮能不能乖乖地等我回来。之后沈阿姨如约返回，待妮妮能够承受时，沈阿姨慢慢地将时间延长到3分钟、5分钟……，但每次都会按照约定的时间返回。

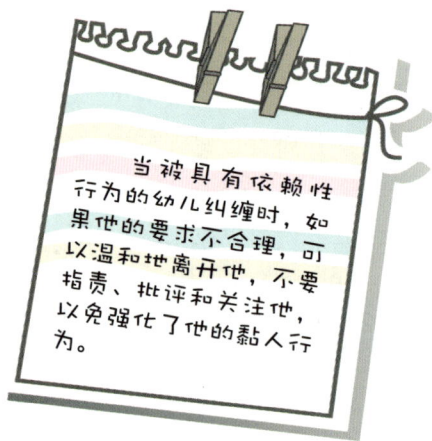

> 当被具有依赖性行为的幼儿纠缠时，如果他的要求不合理，可以温和地离开他，不要指责、批评和关注他，以免强化了他的黏人行为。

第二步：共同参与

同该名幼儿共同参与集体游戏，观察他（她）的表现，当他（她）投入游戏时，悄悄退出。例如：

每次老师组织集体活动或游戏时，沈阿姨会带着妮妮一起参加。当妮妮玩得高兴时，她便会退出。

第三步：期待与表扬

告诉具有依赖性行为的幼儿，你期望他（她）能有怎样的表现。当他（她）表现出你期望的行为时对其进行表扬。例如：

（如果妮妮独自参与了集体活动）在集体活动或游戏结束后，沈阿姨：妮妮刚才在活动里的表现真棒，阿姨最喜欢参加活动时的妮妮，下次玩得一定会更好。

第四步：约定独处

当该名幼儿能与被依赖者短暂分离，并且开始参与班级活动后，同他（她）约定独处的时间，且逐渐缩短独处时间。例如：

沈阿姨：我们约定10分钟，这段时间沈阿姨只陪着妮妮，但是10分钟后，沈阿姨要去照顾其他小朋友了。（从10分钟、5分钟、隔天……渐渐地减少独处时间）

★ 长期应对幼儿依赖性行为的方法

1、让幼儿自己的事情自己做

教师要正确看待幼儿在生活技能学习过程中的反复现象，只在成人的期望值与幼儿的能力相匹配时，才能调动幼儿的自理积极性，促进幼儿生活自理能力的提高。比如，教师在教幼儿系鞋带时，不能因为孩子总是不得要领而对其严加批评。

▲ 提高幼儿的生活自理能力

2、允许错误的发生

当幼儿的表现不尽人意时，教师不能操之过急，不妨保持快乐的心情，放开手让幼儿去做，允许幼儿做错，允许一些自然后果的发生。让幼儿体验错误所带来的后果也是对其的一种锻炼方式，对幼儿本身来说是一件好事。

▲ 对幼儿保持快乐的心情

3、别急着告诉幼儿答案

教师应该让幼儿养成自己学习的习惯，遇到问题让幼儿学着自己去思考。在面对具有依赖性行为的幼儿时，教师要放慢脚步，给予他们独立的时间和空间，帮助他们找到学习的途径和方法，并给予鼓励。教师是幼儿学习的指路人、帮助者和鼓励者，而不是幼儿学习上的监视者、批评者和管教者。教师可以经常这样反问孩子："这是个有趣的问题，你是怎么想的呢？"

▲ 别急着告诉幼儿答案

4、鼓励幼儿善用外部资源

比行为依赖更可怕的是思维依赖，因此教师要培养幼儿的思考能力，鼓励幼儿善用外部资源，让他们学着自己去思考，让幼儿的思维活跃起来。比如，当幼儿问教师关于动物方面的问题时，教师可以和孩子说："我觉得可以去动物园实地考察一下。"

▲ 去动物园考察

★ 与家长沟通的注意要点

① 选择合适的沟通方式（如：电话、微信等），现场沟通应注意选择私密性较好的场所。

② 肯定幼儿的优点、进步。例如：

妮妮进步很大，来幼儿园已经不哭了。

③ 说明幼儿依赖性行为的具体情况，并告知家长这样的行为会带来的不良影响（结合"什么是幼儿依赖性行为"、"幼儿依赖性行为的主要表现"中的内容）。例如：

但妮妮最近一直黏着沈阿姨，一步也不离开。

所以妮妮不愿参加集体活动，依赖性特别强，这样对妮妮的成长是不利的。

④ 了解幼儿在家中的行为表现，以及家庭教育和家庭氛围情况（结合"幼儿依赖性行为产生的原因"中的内容）。例如：

妮妮平时在家里黏人吗？

妮妮妈妈，你和妮妮爸爸是不是平时工作比较忙，所以陪孩子的时间比较少？

是不是平时爷爷奶奶特别宠爱妮妮？

妮妮平时是不是不太出去和其他小朋友玩耍？

妮妮最近在家里有没有遇到什么让她特别害怕或紧张的事情？

⑤ 叙述幼儿园目前的处理方式（结合"应对幼儿当下依赖性行为的方法"、"长期应对幼儿依赖性行为的方法"中的内容）。例如：

沈阿姨会带着妮妮一起参加集体活动。

⑥ 指出家庭合作的必要性，并提供家庭可以实施的改善策略（结合"应对幼儿当下依赖性行为的方法"、"长期应对幼儿依赖性行为的方法"中的内容）。例如：

我们也可以让妮妮的奶奶（妮妮家里的依赖对象）按照这样的方法逐渐延长与妮妮的分离时间，也可以设定固定的单独相处时间，并逐渐缩短。

在家里，我们需要尽可能地让妮妮自己独立做些事情。

妮妮妈妈，周末休息的时候，你和妮妮爸爸需要多抽些时间陪伴妮妮。

平时多让妮妮到外面玩，鼓励她和别的小朋友一起玩。

⚓ 学而时习之

缠人的东东

我儿子东东，今年3岁多了，在读小班。已经是入园后的第二个学期了，不知几时开始，他的依赖性行为特别严重：不管冬天、夏天，每天去幼儿园都要人抱着去，我们大人都觉得挺累的，但不抱他就哭，我们只能依着他。在家一天三餐要人喂，怎么劝说也没有效果。幼儿园老师也和我们反映，说我儿子不喂不吃，一喂就吃，还特别缠人，总是要抱。这个孩子不知咋搞，非要把大人累死才安乐。大家帮帮忙吧，我们大人实在没招了。

▲ 缠人的东东

练习1：以上是一位母亲的求助信，请你分析下她的儿子产生依赖性行为的原因。

练习2：请根据东东的依赖性行为设定应对方案及与其家长沟通的方法。

幼儿独占行为识别与应对

学习目标

1. 能根据自身经验并通过资料收集的方式，掌握幼儿分享及独占行为的定义。
2. 能够通过案例分析，了解幼儿独占行为发生的成因。
3. 能处理幼儿当下的独占行为。
4. 能根据幼儿独占行为的不同成因设置合理的应对机制。
5. 能与发生独占行为的幼儿及其家长进行有效的沟通。

学习准备

1. 阅读课堂教学案例：酷爱小车的薛宝。
2. 通过网络搜集"幼儿独占行为"的相关资料，初步了解这一问题行为。

案例

酷爱小车的薛宝

　　薛宝的爸爸有一个大大的车行，所以薛宝从小就和各类车结下了缘，家里的玩具车整整塞满了两大箱。而这两年来，薛宝带到幼儿园的玩具也只有一种，就是玩具车了。尽管手上的藏"车"不计其数，可是，薛宝依然会对班里出现的新车玩具有极大的兴趣。只要老师拿出一辆新的玩具车，薛宝就一定要第一个玩。有时同班伙伴先得到了，薛宝就会一个箭步走上前，然后夺过小伙伴手上的车。如果拿不到，薛宝就会大哭大闹，甚至伸出小拳头强行占有新的玩具车。尽管老师们屡次三番针对此类事件找薛宝交流谈心，而且薛宝爸爸也因此批评、教育过薛宝，可是收效甚微。

▲ 酷爱小车的薛宝

任务 1

1. 案例中的薛宝为什么被老师批评了？

_____

_____

_____

2. 你觉得薛宝身上可能存在什么样的问题行为？请写下你的理由。

_____

_____

_____

_____

学习支持 1

曾经有一位教师对全班幼儿在园和在家的独占行为进行了调查，发现：

● 幼儿园中约有 64% 的幼儿表示不愿将喜欢的玩具给别人玩。

● 在家庭中，独占行为发生率高达 91%。

● 25% 的幼儿虽然口头上懂得要互相谦让、共同分享，但无法落实到实际行动。

★ 什么是幼儿的分享、独占行为

分享是指将自己喜爱的物品、美好的情感体验及劳动成果与他人共享的过程。幼儿的分享既是幼儿之间团结友爱、相互关心、关爱别人的更高层次的品质表现，也是幼儿个体亲近群体，克服自我中心的手段。分享亦是一种对社会、对他人的利他行为，有利于幼儿的认知发展，有助于他们的社会化发展。独占是分享的对立面，即不愿与他人分享。

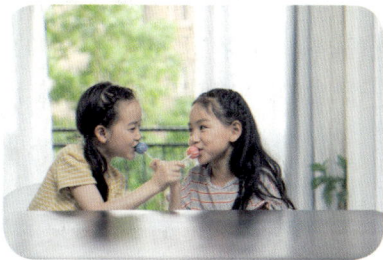

▲ 幼儿分享行为

任务 2

你觉得案例中的薛宝产生独占行为的原因会有哪些呢？

原因1	
原因2	
原因3	
原因4	
原因5	

学习支持 ②

★ 幼儿独占行为产生的原因

1. 缺少物品归属概念

> 佳佳，今年四岁。她手里的东西别人是很难要到的，而别人的东西她却总想要，要不到就哭闹不止。老师问她为什么不愿与朋友分享，佳佳理直气壮地说："这些都是我的啊。"

幼儿受其认知发展水平的限制，对物品归属概念可能会产生辨识困难。但一般在四岁左右基本能分清"我的"、"你的"、"他的"和"我们的"。像佳佳这样在四岁还无法分清这一概念的，可能是成人对其疏于引导造成的。

2. 过分强调幼儿的个人所有权

> 玲玲一看到自己心爱的娃娃被别的小朋友抱起，就会立马狠狠地把娃娃从小朋友那夺回来"这是我的，你不能碰。""这是爸爸专门给我买的，你不能让你爸爸给你买吗？"只要她认为是自己的，就不可以给别人碰。

幼儿到了四岁左右，已开始有比较明确的所有权概念。但这种所有权概念是不完善的，只能从自己出发。在他们看来，自己的东西，只能自己用；自己的玩具，只能自己玩，别人是碰都不能碰的。

3. 溺爱助长幼儿独占行为

> 　　刚上小班的强强又在闹腾了，非要把班上的故事书带回家，老师给他解释："这是小朋友共同的东西，好东西要大家分享的，怎么可以随意带走呢。"小家伙可不管，一个劲儿地嚷到"这是我的，就是我的。"一旁的奶奶尴尬地说："老师，你就让他带回家吧，我明天一定记得让他带回来。"

　　四五岁的幼儿仍然处于自我中心阶段。如果在平时的生活中，家里的长辈对他都是百依百顺，他不但无法形成和别人分享的意识，反而独占的意识会愈来愈强。

任务 3

假设你是案例中薛宝的老师，你将如何应对薛宝的独占行为？你会如何与他的家长沟通？

1. 面对薛宝当下的独占行为，你会怎么做？

----

2. 你将如何长期应对薛宝的独占行为？

----

3. 在薛宝离园时，你会如何与他的家长沟通，请设计对话并分小组进行表演。

我：_____

家长：_____

我：···

家长：···

我：···

家长：···

我：···

家长：···

我：···

家长：···

我：···

家长：···

我：···

学习支持 3

★ 应对幼儿当下独占行为的方法

方法一：避免冲突

当幼儿发生独占行为时，教师首先要做的就是避免冲突，防止幼儿因争抢玩具而发生攻击性行为。例如：

（薛宝与小伙伴清清在争抢小汽车）老师赶紧走上去将他们拉开，并分别安抚情绪，以免幼儿受伤。

方法二：暂缓教育

此时，教师不能过于严厉地批评具有独占行为的幼儿，更不能强行让其进行分享，因为分享需要出于自愿。如果幼儿被强迫分享，那分享所带来的情绪体验是消极的、不愉快的，这样会让他更不愿意分享。教师可以在今后的活动中根据"长期应对幼儿独占行为的方法"来逐渐帮助幼儿改善独占行为。例如：

师：薛宝，你愿意和清清轮流玩小汽车吗？（询问意愿）

（如果薛宝不愿意）师：好的，没关系，也许薛宝过会儿就愿意和清清轮流玩小汽车了。（不强迫）

★ 长期应对幼儿独占行为的方法

1. 帮助幼儿逐渐完善物品归属和所有权的概念

有些四五岁的幼儿还很难摆脱自我中心概念，更多的只是从自己的角度去考虑物品的所有权问题，还不能全面地看待归属。所以在幼儿园，教师需要耐心引导，帮助幼儿逐渐建立物品归属概念。比如，当幼儿玩小伙伴的玩具时，你可以强调一下："这变形金刚是轩轩的，你只能玩，不能带走，到时候要还给轩轩。"或者，教师可以带着幼儿一块儿给小朋友分活动材料，让幼儿边分边说："这是石头的，那是芊芊的，这个是我的。"这些话可以让幼儿尽快建立物品所有权的概念。

▲ 逐渐完善"物品归属和所有权"的概念

但是，幼儿要建立全面的"所有权"概念还需要一个过程，他们不能立马适应物品为他人所有的不愉悦感。教师在要求幼儿把玩具还给别人时，不要强求幼儿，要给他足够的时间玩自己的玩具，归还需要在幼儿的主观意愿下发生。当幼儿归还玩具时要表扬他。

2. 通过体验，帮助幼儿感知分享的快乐

四五岁的幼儿自己并不知道"独占"是不好的行为，所有的道德意识都是从成人对其行为的反馈中形成的。所以，要改善幼儿的独占行为，成人可以通过让幼儿品尝后果的方式来进行。

悦悦很喜欢娃娃，每次她拿到娃娃后都不愿给其他小伙伴，总是说：娃娃给你会弄脏的。于是有一天，老师拿出了一只新的小熊，悦悦马上跑过来问老师要，老师说：不行，小熊给你会弄脏的。悦悦瞪大眼睛看着老师，不知道说什么。这时，悠悠也跑了过来，老师说：悠悠每次都愿意把小木马给我玩，小熊给你玩。悦悦听了，马上拿出手上的娃娃给老师：老师，娃娃给你玩。老师问：为什么愿意给我玩啦？悦悦说：玩具要分享，要交换玩，这样老师和悠悠的玩具以后也愿意给我玩了。

教师也可以让家长通过言传身教的方式来帮助幼儿体会分享的快乐。比如，买东西的时候给家人各买一份。

3. 消除溺爱环境

教师需要引导家长消除家庭中的溺爱环境。家长在制止幼儿不当行为的同时，还要以身示范。即使在家里，家长也要尊重每一样物品的主人，无论拿谁的东西(包括幼儿)，都要征得主人的同意。

4. 引导幼儿体验别人的感受

如幼儿在独占玩具时，教师可以问幼儿："乐乐没有这个玩具，可是他非常想玩，你应该怎样帮助他呢？"教师经常让幼儿设身处地地去体验别人的感受，使他们对没有玩具的同伴产生同情心，让他们有机会去理解别人，培养分享意识。

5. 榜样故事

教师可以通过讲故事（如：孔融让梨）以及唱儿歌（如：大的给别人，小的给自己）来教育幼儿不独占、要分享的品质。

6. 鼓励与表扬

在培养幼儿分享意识时，教师可以先引导幼儿与某位同伴分享，然后再逐步扩大分享范围。当幼儿完成分享行为时，教师立即对其进行表扬。

▲ 榜样故事：孔融让梨

此外，分享、表扬之后的结果也很重要。在生活中，常常有这样一种情况，当幼儿把糖果分享给他人时，成人往往在夸奖幼儿后，又将糖果还给幼儿。如此做法，会让幼儿误以为"分享"是又能受到表扬又能吃到好东西的，其分享便不是出于真心，甚至一旦大人吃了分享的糖果，幼儿便会生气。所以，成人在得到幼儿分享的食物时便可大快朵颐，与幼儿一块儿分享快乐。

★ 与家长沟通的注意要点

① 选择合适的沟通方式（如：电话、微信等），现场沟通应注意选择私密性较好的场所。

② 肯定幼儿的优点、进步。

③ 说明幼儿独占行为的具体情况，并阐述其产生的原因（结合"幼儿独占行为产生的原因"中的相关内容）。例如：

薛宝妈妈，可能是平时我们对孩子过分强调了个人所有权的概念，薛宝才会产生独占行为。

④ 指出家园合作的必要性，并提供家庭可以实施的改善策略（结合"应对幼儿当下独占行为的方法"、"长期应对幼儿独占行为的方法"中的内容）。例如：

薛宝妈妈，我们平时可以在生活中向薛宝灌输物品所有权的概念。

平时，我们可以引导薛宝进行分享，并让他充分体会到分享带来的喜悦。

我们本身也要为薛宝作榜样，拿东西要征得物主的同意。

拓展阅读

独占朋友

幼儿期的孩子还会出现另一种独占行为，即独占朋友。

玲玲和文文是好朋友，但是玲玲一旦看到文文跟别的小朋友玩，她就非常不高兴，然后立马把文文拉过来，不让她和别的小朋友玩。而且，玲玲也只认文文这一个朋友。其他小朋友找她玩，她都不理。

玲玲在缺乏分享意识之外，还可能缺乏情感上的安全感，这需要引起成人的注意，多给予她情感上的关怀，并多鼓励她与其他小朋友一起玩。

⚓ 学而时习之

> ### 琳琳的冰淇淋
>
> 　　一个炎热的夏天，妈妈给琳琳买了一个冰淇淋，琳琳很高兴，后来妈妈吃了一口，琳琳竟然因为嫌妈妈吃得太大口，向妈妈吐口水。

练习1：请阅读案例"琳琳的冰淇淋"，并分析琳琳独占行为产生的原因。

练习2：请根据琳琳的独占行为设定应对方案及与其家长沟通的方法。

幼儿吸、咬手指行为识别与应对 ◀ ········

学习目标

1. 能根据自身经验并通过资料收集的方式，掌握幼儿吸、咬手指行为的表现及危害。
2. 能够通过案例分析，了解幼儿吸、咬手指行为发生的成因。
3. 能处理幼儿当下的吸、咬手指行为。
4. 能根据幼儿吸、咬手指行为的不同成因设置合理的应对机制。
5. 能与发生吸、咬手指行为的幼儿及其家长进行有效的沟通

学习准备

1. 阅读课堂教学案例：甜甜的手指。
2. 通过网络搜集"幼儿吸、咬手指行为"的相关资料，初步了解这一问题行为。

案例

甜甜的手指

晨检时，保健老师发现中二班的亮亮最近手指甲总是秃秃的，仔细观察后发现有被反复啃过的痕迹，于是，细致的保健老师立刻和亮亮的老师与家长联系，求证事情的缘由。老师反映：进入中班后，亮亮突然就出现了爱啃手指的情况，起初只是在来园后的一小段时间里会出现啃咬指甲的情况，可是后来却越发严重了，不仅如此，被啃咬的指甲也由原先的右手中指发展到十个手指。针对这一情况，老师也已多次与亮亮的家长沟通过，家长也采取了各种手段，他们为此好言规劝过亮亮，见无效，又尝试给亮亮戴手套，甚至还严厉训斥过亮亮，可是始终没能很好地改善这一情况。

难道是亮亮的手指像糖果一样甜吗？保健老师决定为亮亮设计个案观察计划，介入亮亮的发展指导工作。

▲ 甜甜的手指

任务 1

你觉得案例中的亮亮出现了什么问题行为？

_____

_____

_____

_____

_____

学习支持 1

★ 什么是幼儿吸、咬手指行为

从婴儿出生 3～4 个月起，便会出现津津有味地吃自己的手和脚的有趣行为，稍大些后，他们会将能取到的任何东西都放在嘴里吃一吃、咬一咬，这是婴儿在满足自己的吸吮需要。

所谓幼儿吸、咬手指行为是指幼儿反复咬指甲、吸手指的行为。这是幼儿常见的一种不良习惯，多见于 3—6 岁的幼儿，男女均可出现。多数幼儿随着年龄的增长，吸、咬手指行为可自行消失，少数顽固者可持续到成人。

▲ 咬手指行为

★ 幼儿吸、咬手指的表现

幼儿在咬手指时，一般是无选择性地咬十个手指，被咬过的手指指甲常常变得短而参差不齐。有些幼儿当注意力被某种东西吸引或在他们精神紧张时还会咬随身的其他东西，如：咬衣服、被褥和手帕等。由于手指被反复地啃咬，指甲和皮肤会受到损伤，指甲会游离指甲缘，变得粗糙，指甲缘的四周可能会出血，指甲变得畸形，甚至引发甲沟炎、甲周疣、门牙缘的小裂痕、齿龈炎等。

拓展阅读

无奈的"空姐"

有几个大学刚毕业的女孩一起去参加了南方航空公司贵阳地区的空姐选拔，其中有两个都是相当漂亮的女孩。原以为这两个女孩进入复试是绝对没问题的，可她们却双双在面试落选，深入了解后才知道，她们落选的原因不是别的，就是吸手指、咬指甲造成的。其中一位女孩因为常年吸手指而导致了大拇指畸形，细细的拇指细看之下还没有无名指粗，犹如骷髅。而另一位女孩常年啃指甲，使得甲床短小如孩童，指尖还长出来了一团厚厚的肉，使得整只手不仅没有美感，反而相当恐怖。所以幼儿吸、咬手指的行为习惯要尽早帮助其纠正，不然可能会影响孩子一生。

任务 2

你觉得亮亮的这种行为会给他自身带来哪些危害?

危害1	
危害2	
危害3	

学习支持 2

★ 幼儿吸、咬手指的危害

1. 增加感染几率

幼儿吸手指、咬指甲会带来一系列健康问题,特别是幼儿喜欢乱捉、乱摸,然后再把指头放到嘴巴里,许多病菌也跟着入口。临床上发现,喜欢吸手指的幼儿发生中耳炎的几率似乎比较高。另外,长时间吸吮手指,也容易造成手指皮肤湿疹、伤口反复发炎和结茧等皮肤问题。在医院门诊里常看到吸手指的幼儿,大拇指皮肤泛白,长满湿疹,且吸到手指都破皮了还是要吸。

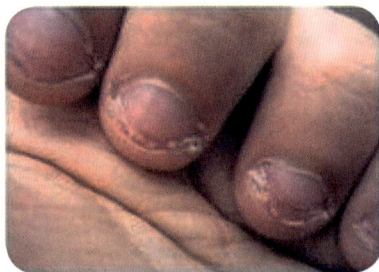
▲ 指甲感染

2. 影响齿颚发育

幼儿吸吮手指容易造成暴牙、咬合不正等问题。因为幼儿在吸手指时,吸吮的力量会让手指在舌上前后摇动,这力量会把上颚骨往外拉扯,形成暴牙。幼儿的牙齿如果产生暴牙或咬合不正这些问题,不只是外貌难看,也会影响其咀嚼功能和发音。例如,幼儿说话会"漏风",或是吃东西时因为咬合不正,要歪嘴咬东西,样子难看,这些也会造成幼儿的自卑心理。

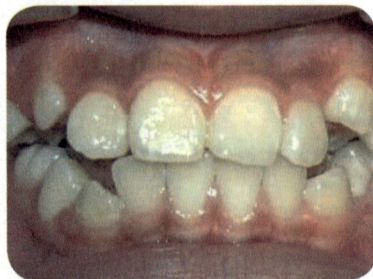
▲ 影响齿颚发育

3. 常吸手指会铅中毒

幼儿在玩耍中与地板、墙壁和玩具等物品接触得多，而从这些物品上脱落下的漆铅会污染幼儿的手，再经过吮吸和啃咬进入其体内。现在已经有研究表明，血铅浓度高的幼儿智力发育差，对事物的反应速度也慢，而吸吮手指是造成幼儿铅中毒的主要原因之一。

▲ 幼儿铅中毒

任务 ③

在婴儿时期，很多孩子都喜欢吸手指、咬指甲，有些到幼儿期依然会保持这一习惯，你觉得存在吸、咬手指行为的原因有哪些呢？

原因1	
原因2	
原因3	
原因4	
原因5	

学习支持 ③

★ 幼儿吸、咬手指的原因

幼儿常在睡不着觉、做错事、完不成任务、学习不感兴趣、看惊险的影视片以及受到成人的责骂或惩罚时发生吸、咬手指行为。也有些幼儿的吸、咬手指行为常常发生在他们聚精会神地看电视、听故事、找东西、做作业和想问题的时候。

1. 精神紧张

幼儿吸手指、咬指甲的问题行为主要与紧张和忧虑有关。比如，在幼儿生活节奏改变时出现了紧张情绪，从而开始吸、咬手指，如：幼儿入托、入园时特别容易紧张。在幼儿生病时也容易诱发这一行为。具有内向、敏感、焦虑等性格特点的幼儿更容易诱发吸、咬手指的行为。

2. 口唇期没有得到充分满足

所谓口唇期，即孩子出生至1岁半的这段时期，这时幼儿的心理能量集中在口部，吸吮和撕咬能够给他们带来快乐，也是他们探索世界的方式。可以说，他们一旦对某一物品产生兴趣，很容易会用嘴或牙齿去"探索"、去感受它们。只是很多成人都认为这太脏了，所以才会限制幼儿这么做，如果限制得过多，那么幼儿反而会更执着。

在口唇期，孩子最重要的活动就是吸吮妈妈的乳房，这既满足了他们的饮食需要，也满足了他们的情感需要，这是这一阶段他们与妈妈建立情感联系的重要方式之一。如果因为种种原因，婴儿亲近妈妈乳房的机会太少，他们也容易执着吸、咬手指。

3. 攻击欲望被压抑

牙齿和指甲是人类体表最坚硬的部位，而对于一个幼儿而言，它们是最有力的攻击武器。精神分析学派的心理专家认为：咬指甲这样的行为，既意味着孩子将攻击性转向自身，也可以说，这一行为是孩子在主动毁掉自己最具有攻击性的武器，正在压抑自己的攻击欲望，可能孩子不允许自己有对他人的攻击行为。

拓展阅读

吸、咬指甲并不是幼儿的专利

咬指甲并不是幼儿的专利，很多成人也会有咬指甲的经历。按照心理学上的说法，其实啃咬指甲有时能反映出人的一种心理情绪，往往与情绪紧张、抑郁、沮丧、自卑感、敌对感等情绪有关。

法国研究人员进行了一项民意测试以调查在什么情况下人们更容易吸咬手指。研究显示，法国人爱咬指甲大都与他们的工作有关。

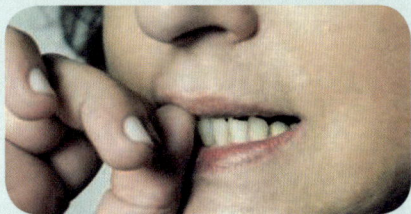
▲ 成人的吸、咬指甲行为

● 第一个原因：在考虑与他们工作相关的事情时爱咬指甲。
● 第二个原因：购物时会咬指甲，这可能代表做抉择的折磨。
● 第三个原因：考虑经济形势和对父母、幼儿的关注而咬指甲。

也就是说，大部人咬指甲是因为需要释放压力，或者需要考虑一些难以抉择的问题。

任务 ④

假设你是案例"甜甜的手指"中亮亮的老师，你将如何应对亮亮的吸、咬手指行为？你会如何与他的家长沟通？

1. 面对亮亮当下的吸、咬手指行为，你会怎么做？

-----

2. 你将如何长期应对亮亮的吸、咬手指行为？

-----

3. 在亮亮离园时，你会如何与他的家长沟通，请设计对话并分小组进行表演。

我：
家长：
我：
家长：
我：
家长：
我：
家长：
我：
家长：
我：
家长：
我：

学习支持 ④

★ 应对幼儿当下吸、咬手指行为的方法

方法一：表示理解

教师需要告诉具有吸、咬手指行为的幼儿：我知道你很享受这一行为，它能给你带来满足和安全感。教师不能向幼儿表露担忧的情绪，以免幼儿过于紧张，这样反而会加强该行为。例如：

（亮亮在津津有味地咬着他的手指）老师并没有责备亮亮，也没有强制地让他把手指拿出来，而是面带微笑、温柔地对亮亮说：老师知道亮亮很喜欢吸手指，吸手指能让你很满足。（理解他）

方法二：告知危害

教师可以告知该名幼儿吸、咬手指的危害，如：指甲会长得不好看。例如：

师：亮亮，如果一直吸手指的话，会让自己的小手不漂亮哦。（告知危害）

方法三：转移注意力

教师可以带领该名幼儿进行一些需要用到双手的小游戏来分散他（她）的注意力。如果幼儿在活动过程中没有咬手指，教师立即表扬他（她）、鼓励他（她），不要等到游戏结束再表扬。例如：

师：亮亮，手指操能让我们的小手变漂亮哦，和老师一起来玩手指操，好吗？（通过游戏分散注意力）

（游戏结束时，如果亮亮一直坚持没有咬手指）师竖起大拇指并对其他小朋友说：亮亮太棒了，一次都没有咬手指哦。（强化）

▲ 手指操

★ 长期应对幼儿吸、咬手指行为的方法

1. 好的饮食习惯

建立良好的饮食习惯有助于幼儿改正吸手指、咬指甲的习惯。成人可以训练幼儿的咀嚼功能，让他们不再只会吸吮。同时，最好训练幼儿使用吸管或用杯子喝水、喝果汁，不要让幼儿太依赖奶瓶。

2. 柔性方法

教师和家长不要用强硬的方式惩罚吸、咬手指的幼儿，以免造成幼儿的反感，这会让戒除幼儿吸手指、咬指甲的工作更加困难。教师和家长可以先和幼儿沟通，让幼儿知道吸手指、咬指甲的坏处，并且定期为幼儿清洁及修理指甲。同时，教师和家长可增加幼儿咀嚼的机会，

以及让他们多参加其他需要自己动手的活动，转移其注意力，这样吸手指、咬指甲的行为就会减少。具体可参考以下方法：

（1）忽略法

这是最常用的方法之一。如果教师使用带来较多负面影响的方法来戒除幼儿的吸、咬手指行为，反而会强化该行为的发生。

（2）奖励法

教师可利用适当的赞美和鼓励，让幼儿戒掉吸、咬手指的习惯。

（3）分散法

如果幼儿是因为无聊才吸手指的话，教师可以通过一些互动的小游戏来转移他（她）的注意力。

（4）开心法

幼儿若在情感上获得足够的关心，可能就不会通过吸手指的方式来获得快乐，所以如果教师给予他（她）较多的关爱，也能帮助幼儿戒掉吸、咬手指的习惯。

（5）允许法

教师可以观察有吸、咬手指行为的幼儿一般每次持续该行为的时间（如：10分钟），然后和他们约定每次吸、咬的时间（比他们原来吸、咬的时间多，如：20分钟），且在该过程中不允许他们停止，这样可能会让他们厌烦吸、咬手指。

3. 厌恶疗法

针对吸吮、啃咬时间较长，经教养仍然不能消除不良吸吮、啃咬习惯的幼儿，教师可以让家长采用厌恶治疗方法，临床上多采用局部涂抹酸味或苦味剂的方法。酸味剂可采用食用醋、柠檬汁，苦味剂可采用黄连素液、猪苦胆（猪胆囊）浸泡液等涂在幼儿的手指或口唇上，但不主张有些家长在幼儿手指上涂辣椒粉、辣椒汁的做法，因为幼儿会在无意之中揉眼、摸脸，会给幼儿带来不必要的伤害。

▲ 涂抹柠檬汁

★ 与家长沟通的注意要点

① 选择合适的沟通方式（如：电话、微信等），现场沟通应注意选择私密性较好的场所。

② 肯定幼儿的优点、进步。例如：

亮亮很讨人喜欢，而且思维也很活跃。

③ 说明幼儿吸、咬手指行为的具体情况，并阐述这一行为可能会带来的不良后果（结合"幼儿吸、咬手指的危害"中的内容）。例如：

但是，亮亮进入中班后总爱咬手指。我们保健老师发现亮亮的手指已经是秃秃的了，如果继续发展下去可能会影响亮亮的齿颚发育。

④ 叙述幼儿园目前的处理方式（结合"应对幼儿当下吸、咬手指行为的方法"中的内容）。例如：

之前我们采取的措施没能取得明显的效果，所以我们想尝试柔性方法，比如……

⑤ 指出家庭合作的必要性，并提供家庭可以实施的改善策略（结合"长期应对幼儿吸、咬手指行为的方法"中的内容）。例如：

我们在家里也可以采取这样的柔性方法，一同帮助亮亮改掉这个坏习惯。

⚓ 学而时习之

求助信

我的宝宝从三岁上幼儿园起，就经常吮手指，一开始我们只是让她把手指拿出来。没想到她现在吃得更厉害了，尤其是她自己玩的时候，只要不需要两只手配合，那肯定有一只手是放在嘴里的。我们对她讲过道理，也训斥过她，但效果很差。我真的不知道该怎么办。

练习1：以上是一封求助信，请你为信中的母亲分析下她女儿吸、咬手指行为的原因吧。

练习2：请根据这个孩子的吸、咬手指行为设定应对方案及与其家长沟通的方法。

幼儿退缩行为识别与应对

学习目标

1. 能根据自身经验并通过资料收集的方式，掌握幼儿退缩行为的定义、类型及表现。
2. 能够分辨问题幼儿的退缩行为与一般幼儿的退缩行为的区别。
3. 能够通过案例分析，了解幼儿退缩行为发生的成因。
4. 能处理幼儿当下的退缩行为。
5. 能根据幼儿退缩行为的不同成因设置合理的应对机制。
6. 能与发生退缩行为的幼儿及其家长进行有效的沟通。

学习准备

1. 阅读课堂教学案例："老师，我不会"。
2. 通过网络搜集"幼儿退缩行为"的相关资料，初步了解这一问题行为。

案例

"老师，我不会"

小雪是个非常可爱的女孩，可让小雪老师头痛不已的是：小雪遇事总爱说一句话"老师，我不会"。老师在教小朋友们画画、做手工、搭积木、唱歌等技能时，小雪总是说自己不会，不愿意参与。但是，老师发现，小雪有时候会一个人独自在角落里画画、搭积木，也会哼哼她教的歌曲。一天，老师又看到小雪一个人在搭积木，于是走上前对小雪说："小雪，雯雯也在搭积木，我们和雯雯一起玩好吗？"（雯雯是班上人缘最好的小朋友，性格开朗，也很懂事）但小雪一听，马上低下头小声反复地说："老师，我不会搭积木……"见小雪不愿加入，老师拉起小雪的手说："老师带你过去找雯雯搭积木吧。"小雪马上顺势躲到了老师身后，边哭边说："我不会搭积木。"

▲ 老师，我不会

任务 1

1. 你见过像小雪这样的小朋友吗?

☐ 见过　　　☐ 没见过

2. 请你归纳一下, 幼儿退缩行为的表现有哪些?

表现1	
表现2	
表现3	
表现4	
表现5	

学习支持 1

★ 什么是幼儿退缩行为

幼儿退缩行为是指因一些幼儿孤僻、胆小而产生的不愿与其他小朋友交往,不愿到陌生的环境中去的行为,多见于 5～7 岁的幼儿。大量研究表明,幼儿的退缩行为对幼儿的发展具有不同程度的负面影响。

★ 幼儿退缩行为的类型

幼儿退缩行为一般分为三种类型:焦虑退缩型(沉默寡言型)、主动退缩型(安静退缩型)和被动退缩型(活跃退缩型)。

1. 焦虑退缩型(沉默寡言型)

焦虑退缩型行为是指幼儿想参与同伴交往,但又不敢交往,常处于动机的冲突之中的行为。

2. 主动退缩型(安静退缩型)

主动退缩型行为是指幼儿对物的兴趣超过对人的兴趣，主动离开同伴而自己单独进行游戏的行为。

3. 被动退缩型(活跃退缩型)

被动退缩型行为是指因幼儿社会技能较差，常常不受同伴欢迎而被孤立。

★ 幼儿退缩行为的表现

1. 胆小、害怕、羞怯

有退缩行为的幼儿一般都胆小怕事，怕见生人。躲不开生人时，较小的幼儿就会往熟悉的成人身后藏，大些的幼儿则表现出紧张不安，浑身不自在。有退缩行为的幼儿还不愿在公开场合抛头露面，害怕在众人面前讲话，害怕到陌生的环境中去，甚至连一般幼儿最喜欢的公园、动物园和游乐场都不愿去。

2. 孤僻不合群，难以适应新环境

大部分的幼儿都有与同龄幼儿交往的需要。学前幼儿喜欢与同龄幼儿一起玩耍、游戏，随着年龄的增长，在他们的心目中，朋友甚至比父母还重要。而有退缩问题行为的幼儿从不主动与人交往，小点的幼儿总是独自一人与玩具为伴，喜欢独自游戏，而不喜欢与其他小朋友一起玩，较大一些的幼儿在班集体中往往不被其他幼儿选择，受到忽视，同时自己也不选择或排斥他人，他们往往是游离于

▲ 孤僻不合群

各种群体之外的孤独者。即使有的幼儿主动与他们交往，或邀请他们参加活动，他们的态度也往往是消极的、冷漠的。正因为他们不愿与人交往，不参加集体活动，很难了解和喜欢别人，也难被人了解和喜欢，所以他们很长时间都难以适应新环境。

▲ 采取被动或逃避的行为方式

3. 对客观现实常采取被动或逃避的行为方式

有退缩问题行为的幼儿在各种活动中往往只是旁观者，而不是参与者，对他人的态度冷淡，其目的都是为了逃避他人对自己的了解或认识。在课堂中，他们很少主动、积极地回答老师的提问。如果遇到困难，他们往往没有克服困难的信心，所以他们不会去积极想办法战胜困难，而总是想方设法地避免接受老师、同学、家人的帮助。

任务 ② 2

在辨别具有退缩行为的幼儿时，我们需要特别小心，那么你觉得我们该如何判断一名幼儿的害怕、恐惧、退缩行为是否属于退缩问题行为，它和一般的退缩行为相比有什么不同？

一般的退缩行为	退缩问题行为

学习支持 ②

★ 识别退缩问题行为时的注意点

教师不能把正常幼儿在特殊情况下暂时表现出的害怕、恐惧、孤僻、冷漠等退缩行为与幼儿退缩问题行为混为一谈。

因为，大部分幼儿在成长的过程中也会由于环境的变迁和强烈的精神刺激而产生一些退避行为，如：搬迁、转学、临时寄宿在陌生人家或父母离异等。这些突发的变化也可能使一个活泼、健谈的幼儿暂时出现少动、发呆、沉默、恐惧、孤僻等退缩行为。

在刚入园的幼儿中，绝大部分都会不同程度地表现出退缩行为，如：害怕、拘谨、羞怯、不与人交往，但没有退缩问题行为的幼儿一般在2—4周内就能很好地适应，变得大胆、活泼，主动找别人说话和游戏。所以，这些症状是一时性的，属于正常幼儿的生理防护反应。但有退缩问题行为的幼儿则会长时间表现出退缩行为。他们即使在无特殊原因的情况下，也经常会表现出特别害怕、羞怯、孤独和胆小。

任务 ③

你觉得案例中的小雪产生退缩行为的原因会有哪些呢？

原因1	
原因2	
原因3	

原因 4	
原因 5	

学习支持 ③

★ 幼儿退缩行为的产生原因

1. 教养方式不当：过分严厉、过分溺爱

家长或教师管教过严是造成幼儿退缩问题行为的主要原因之一。教育者对幼儿的要求过于严苛，幼儿会因害怕被责骂而过于小心谨慎，生怕自己做错事而受到惩罚，长此以往便形成了退缩行为。

一些幼儿受到成人的过分保护，他们的一切需要（合理的和不合理的）总会得到及时的满足，幼儿有求必应，使得孩子过于以自我为中心。成人的这种过分保护与溺爱可能会造成并助长幼儿的退缩行为。因为当幼儿进入集体

▲ 过分严厉

后，发现自己的需求无法被全部满足（如：独占玩具等），并且还需要遵守规则、纪律，于是内心容易遭受强烈的挫折感，从而情绪低落，逐渐形成退缩行为。

2. 信心不足

调查表明：在大多数情况下，有退缩问题行为的幼儿所表现出的害怕、羞怯，不愿参加集体活动，不与人交往等一系列退缩行为所掩盖的是他们的独立性差、自我意识缺乏和自卑心理。他们对自己信心不足，害怕在与人的交往中暴露自己的弱点和内心世界，害怕被人嘲笑、看不起，所以采取退缩、逃避的方式来保护自己。

3. 缺乏同伴联系

国内许多学者的研究都认为，缺乏同伴联系也是导致幼儿退缩问题行为的重要原因之一。成人或者幼儿生长的环境限制了幼儿与同伴的交往。不管成人是出于保护幼儿的安全、怕他们受外人欺负的目的，还是怕幼儿学坏等原因而限制幼儿参加各种活动以及与同龄幼儿交往，这都会使幼儿失去处理生活中各种问题的机会，失去学习如何与他人相处的技巧的机会。所以当这样的幼儿进入陌生环境并

▲ 与人交往

参与集体活动时，就会一筹莫展，无所适从，或者由于他们不能或不会与其他人合作而遭受其他幼儿的责备与冷落，从而使他们渐渐地厌恶和害怕集体生活，不愿与人交往。

4. 家庭氛围不和

家庭气氛不和也是幼儿产生退缩问题行为的原因之一。父母感情不和，会使幼儿长期处于紧张、惊恐、孤立无助的心理状态，他们没有安全感，享受不到家庭的温暖，从而对成人产生不信任感，迫使幼儿采取退缩、逃避的方式来保护自己，以适应环境。

▲ 家庭氛围不和

5. 个体素质原因

心理学家的研究认为，有退缩问题行为的幼儿大多性格内向而孤僻，还有一些是天生适应能力就差。他们天生就难以适应新环境，在新的环境中感到特别拘谨，不愿接触人。即使成人引导、帮助他们去适应，也很难奏效。这类幼儿一般不喜欢活动，对新鲜事物和陌生人缺乏兴趣和热情。还有的幼儿因为身体虚弱，与同伴游戏、活动、学习时特别容易疲劳、烦躁不安。

▲ 不愿与同伴玩游戏

他们看到别的幼儿可以尽情地做自己的事，而自己却不能，或遭到反复失败，便产生自己不如别人的自卑心理，进而不愿或害怕参加集体活动，特别是竞争性强的活动。研究表明，如果一个人在幼儿期或青年期患病且需要卧床或单独一个人消磨相当长的时间，便可能会导致许多退缩行为的形成。

任务 ④

假设你是案例中小雪的老师，你将如何应对幼儿的退缩行为？你会如何与她的家长沟通？

1. 面对小雪当下的退缩行为，你会怎么做？

⋯⋯⋯

2. 你将如何长期应对小雪的退缩行为?

------

3. 在小雪离园时,你会如何与她的家长沟通,请设计对话并分小组进行表演。

我: ------

家长: ------

我: ------

家长: ------

我: ------

家长: ------

我: ------

家长: ------

我: ------

家长: ------

我: ------

家长: ------

我: ------

学习支持 ④

★ 应对幼儿当下退缩行为的方法

方法一:温柔对待

当幼儿表现出退缩行为时,教师不能过于严厉地批评他们,不能说"你胆子怎么这么小"、"这么简单的也不会"之类的话语。教师可以这样做(以小雪为例):

老师轻轻地帮小雪擦掉了眼泪,温柔地说:老师很喜欢小雪(对小雪进行肯定),而且小雪把积木搭得很漂亮哦(对小雪做的事进行肯定)。

方法二:同伴参与

教师可以先让具有退缩行为的幼儿同他们喜欢的小伙伴交往,可以让社交能力强的幼儿主动与其交往。如果具有退缩行为的幼儿依然不愿意交往，不要勉强他们，教师可以另寻时机。案例中，小雪的老师虽然也想到了同伴参与的方法，但却忽略了小雪的感受，突发的交往要求让她产生了压力。教师可以这样做：

师：小雪，在小伙伴中，你最喜欢谁呀？（让幼儿选择自己喜欢的同伴）

（如果小雪回答的是雯雯）师：雯雯也想过来看看小雪搭的积木，可以吗？

（如果小雪表示同意）老师可以同雯雯沟通，告知自己的目的和方法，让雯雯主动上前加入小雪的活动。

方法三：树立信心

对于具有退缩行为的幼儿出现的愿意参与活动的行为及时进行鼓励。除了教师需要积极地鼓励他们，还可以带动其他小伙伴一起给予他们鼓励，帮助他们树立自信。例如：

雯雯：小雪，你的积木搭得真好看，能教教我吗？（其他幼儿鼓励，帮助其树立信心）

师：小雪和雯雯一起搭积木，老师送你一颗五角星。（告诉小雪，是你与伙伴交往的行为获得了奖励，以此使该行为得到强化）

▲ 一起搭积木

★ 长期应对幼儿退缩行为的方法

1. 培养幼儿的独立性

教师应培养幼儿独立自主的能力，让幼儿学会自己管理自己，肯定幼儿的力量和能力，培养幼儿的勇敢精神，这可以帮助幼儿改善退缩心理。

2. 鼓励幼儿多参加社会活动

教师应鼓励幼儿参加各种社会活动并创造条件，使幼儿能和其他小朋友一起玩耍，一起做游戏，也可陪同幼儿一起参加社交活动。对已经出现退缩行为的幼儿，父母和教师应帮助他们克服孤独感，适应外界环境，使其与小伙伴之间建立和睦的人际关系。比如，小雪可能一开始只与雯雯交往，但教师可以慢慢地引导，让雯雯带着小雪与更多的同伴玩耍。有退缩行为的幼儿与社会交往能力强的幼儿相处，后者是前者的榜样，可以为有退缩行为的幼儿提供更多的社会交往经验。

3. 正确的教育方式

家长与教师在教育幼儿时，不能过于粗暴和严厉，以免使幼儿恐惧不安，害怕与人接触。成人要鼓励幼儿从小热爱集体，主动与其他小朋友一起活动，培养其开朗的性格。家长和教师的亲切教育，有利于幼儿克服性格上的缺陷。

4. 鼓励合群现象

教师应对幼儿在社会交往中出现的合群现象给予奖励，并可逐渐增加他们的社会活动次数，帮助他们克服退缩行为。经过多次社交实践和教师的正确心理引导，绝大多数有退缩行为的幼儿都能逐渐变得开朗起来。

★ 与家长沟通的注意要点

① 选择合适的沟通方式（如：电话、微信等），现场沟通应注意选择私密性较好的场所。

② 肯定幼儿的优点、进步。例如：

　　小雪虽然总说自己不会，但是我发现，在她一个人的时候，她能做得很好。

③ 说明幼儿退缩行为的具体情况，并询问幼儿在家的表现以及家庭的教养方式。（结合"幼儿退缩行为的表现"、"幼儿退缩行为的产生原因"中的内容）例如：

　　小雪妈妈，你们平时会经常带小雪出去玩吗？她在外面玩的时候是否愿意同别的小朋友一起？

　　小雪妈妈，平时在家里，你们对小雪的管教是否过于严厉（过分溺爱）？

④ 叙述幼儿园目前的处理方式（结合"应对幼儿当下退缩行为的方法"中的内容）。例如：

　　我们现在让班里最受欢迎的雯雯同小雪交往，雯雯也是小雪喜欢的朋友。

　　我们也会鼓励小雪，包括她的学习成果以及与人交往方面的进步。

⑤ 指出家庭合作的必要性，并提供家庭可以实施的改善策略（结合"长期应对幼儿退缩行为的方法"中的内容）。例如：

　　小雪妈妈，我们应该让小雪多接触外面的环境，与更多的同龄人交往。

　　在家里，我们不能对孩子过于严厉（过于溺爱）。

　　我们要多多给予小雪肯定，帮助她树立信心。

⚓ 学而时习之

格格不入的财财

【案例基本情况】

　　财财，男孩，5岁，从安徽来，父母为油漆包工头，是中班年龄的小朋友，从未上过学，因为经济问题，家长一定要让幼儿上大班。

【案例主要问题】

　　财财虽是个男幼儿，但长得文静，行为也很拘谨。财财总是一个人坐在教室的小椅子上自顾自玩，任老师怎么劝说，他也不与别的小朋友交往，显得格格不入。

练习1：请阅读案例"格格不入的财财"，并分析财财退缩行为的产生原因。

练习2：根据财财的退缩行为设定应对方案及与其家长沟通的方法。

幼儿选择性缄默行为识别与应对

学习目标

1. 能根据自身经验并通过资料收集的方式，掌握幼儿选择性缄默行为的特征及表现。
2. 能够通过案例分析，了解幼儿选择性缄默行为发生的成因。
3. 能处理幼儿当下的选择性缄默行为。
4. 能根据幼儿选择性缄默行为的不同成因设置合理的应对机制。
5. 能与发生选择性缄默行为的幼儿及其家长进行有效的沟通。

学习准备

1. 阅读课堂教学案例：洞里老虎洞外虫。
2. 通过网络搜集"幼儿选择性缄默行为"的相关资料，初步了解这一问题行为。

案例

洞里老虎洞外虫

涛涛在家是个特别活泼的孩子，能唱会跳，几乎一刻不得安静。周围邻居也都夸涛涛是个非常能干的孩子。可奇怪的是，进了幼儿园，涛涛就像换了个人似的。每天走进幼儿园大门，即使保安叔叔主动和他打招呼，他也会胆怯地躲在家人的身后，始终不愿开口。走进班级，涛涛也会找一个角落一个人游戏，有时甚至大半天不和老师、伙伴说一句话。直到老

▲ 洞里老虎洞外虫

师主动与他交谈，他也只是用点头和摇头表示自己的想法，似乎懒得回答任何问题。

这一情况，让老师与家长都非常疑惑：一个3岁的孩子怎么会在不同的情景下表现得判若两人呢，难道这就是老人们常说的"洞里老虎洞外虫"吗？这样发展下去，涛涛如何能适应集体生活呢？家长和老师为此非常担心。

任务 1

你怎么看待涛涛在家和在园的截然不同的行为？

学习支持 1

★ 什么是幼儿选择性缄默症

幼儿选择性缄默症是指已经获得语言能力的幼儿，因精神因素的影响而出现的在某些社交场合保持沉默无语的一种心理障碍。其实质是社交功能障碍，而不是语言障碍。这类幼儿的发音器官、听觉器官都无器质性损害，智力发育也无异常。发病的女孩多于男孩，好发于3—5岁的幼儿。

★ 幼儿选择性缄默的表现

① 选择性缄默主要表现为沉默不语，甚至长时间一言不发。但这种缄默是有选择性的，即在一定场合下讲话，比如在家里或对熟悉的人讲话，而在幼儿园或对陌生的人保持沉默。少数幼儿正好相反，在家里不讲话而在幼儿园里讲话。

② 具有选择性缄默的幼儿在缄默时，会用做手势、点头、摇头等动作来表示自己的意见，或用"是"、"不是"、"要"、"不要"等最简单的单词来回答问题。如果幼儿学会写字后，偶尔也会用写字的方式来表达自己的意见。

▲ 用摇头表示自己的意见

③ 具有选择性缄默的幼儿在入园前不易被父母发现，因为他们不愿与不熟悉的人讲话的这种情况，常被父母认为是胆小、害羞的缘故。直到入园以后，他们的选择性缄默表现为不愿回答任何问题，不愿与其他小朋友交谈，不参加集体活动，这时才被发现。

任务 2

请通过资料收集及小组讨论等方式，说说案例中的涛涛产生选择性缄默行为的原因。

原因1	
原因2	
原因3	
原因4	
原因5	

学习支持 2

★ 幼儿选择性缄默产生的原因

选择性缄默一般无脑器质性原因，主要是因精神因素作用于具有某些人格特征的幼儿而产生的，可能与以下几个原因有关：

1. 性格特征因素

选择性缄默的幼儿往往具有敏感、胆小、害羞、孤僻、脆弱、依赖等性格特征。

2. 发育成熟延迟

具有选择性缄默的幼儿虽然已经获得语言功能，但开始说话的时间比正常幼儿要明显延迟，且常常伴有其他语言问题。此外，还常伴有功能性遗尿、功能性遗粪等其他发育性障碍，其中部分幼儿的脑电图表现为不成熟脑电图及其他异常变化。

3. 心理社会因素

具有选择性缄默的幼儿早年可能常有情感创伤的经历，如：家庭矛盾冲突、父母关系不和、父母分居离异、父母虐待幼儿、家庭环境突变等，有些孩子的选择性缄默行为就是在家庭环境变迁或一次明显的精神刺激后出现的。

任务 3

假设你是案例"洞里老虎洞外虫"中涛涛班级的老师，你将如何应对幼儿的选择性缄默行为？你会如何与其家长沟通？

1. 面对涛涛当下的选择性缄默行为，你会怎么做？

---

2. 你将如何长期应对涛涛的选择性缄默行为？

---

3. 在涛涛离园时，你会如何与他的家长沟通，请设计对话并分小组进行表演。

我：

家长：

我：

家长：

我：

家长：

我：

家长：

我：

家长：

我：

家长：

我：

学习支持 ③

★ 应对幼儿当下选择性缄默行为的方法

方法一：更多关爱

对于具有选择性缄默的幼儿，教师需要给予他们更多的关心和爱护，比如经常拉拉他们的小手、摸摸他们的小脑袋、抱抱他们等，让他们尽快熟悉你以及幼儿园的环境，使他们觉得幼儿园也是一个可以放松玩乐的地方。例如：

老师给了涛涛一个大大的拥抱，说：老师很喜欢涛涛哦，幼儿园也是涛涛的家，老师带你看看新家吧。（熟悉环境）

方法二：同伴互动

教师可以让班里的其他幼儿多给选择性缄默幼儿一些帮助，让其他小朋友多带着他们玩，使他们体验到集体的温暖，尽量减少选择性缄默幼儿单独静坐的机会。例如：

老师把涛涛和班上人缘最好的乐乐安排在了一组。活动开始了，涛涛坐着不动，乐乐马上拉着他一起玩了。（让其他幼儿帮助他）

方法三：逐字成句

当选择性缄默幼儿通过点头、摇头等肢体动作来表达意思时，教师可以先引导他们说一个字，然后再慢慢地引导他们说词语、句子。在这个过程中，教师需要有更多的耐心，不要强迫他们开口说话。如果幼儿开口，要立即表扬。例如：

老师问涛涛要不要玩小汽车，涛涛点了点头。老师拿着小汽车，模仿小汽车说话的样子：小汽车不太明白涛涛点头是什么意思哦，能不能告诉小汽车是"要"还是"不要"吗？（引导说话）

（如果涛涛回答"要"）师：涛涛说话真好听，老师希望能听到涛涛说更多的话哦。（表扬他）

方法四：兴趣入手

教师可以了解选择性缄默幼儿的兴趣，从他们的兴趣入手引导他们开口说话。当幼儿将注意力放在自己感兴趣的事物上时，可能会放下心理防备。例如：

（假如涛涛喜欢画画）在涛涛画画时，师：涛涛，你画的这朵花是什么颜色呀？真漂亮啊！

★ 长期应对幼儿选择性缄默行为的方法

由于幼儿选择性缄默症会影响他们人际关系、合作关系的形成以及社会交往能力的发展，因此教师一发现就应及早对其进行干预。

1. 避免精神刺激

成人要尽量避免让具有选择性缄默的幼儿受到各种精神刺激，以免加重幼儿的心理负担。成人应该培养幼儿广

▲ 培养开朗豁达的性格

泛的兴趣爱好和开朗豁达的性格。

2. 提供良好的家庭环境

家长应尽可能为孩子提供一个融洽的家庭环境，减少对孩子的粗暴呵斥，此外，家长需要经常鼓励有选择性缄默的孩子主动与别人交流，包括眼神、手势、躯体姿势、言语等，但不要强迫他们说话。

3. 给予支持性心理治疗

为了解除有选择性缄默幼儿的心理矛盾，教师可以鼓励他们参加集体活动，以逐渐消除其对陌生人和新环境的紧张情绪。比如，教师可以建议家长组织一些家庭游戏，邀请幼儿园小朋友和老师来家中做客，同自己的孩子一起做游戏，让他在熟悉的环境中同他们进行交流。来访的小朋友由陌生到熟悉，由少到多，最终使有选择性缄默的幼儿在幼儿园接触到的人都是自己熟悉的人，而忽略幼儿园是一个陌生的环境。

▲ 和幼儿一起游戏

4. 转移紧张情绪

当有选择性缄默的幼儿沉默不语时，教师不要过分注意他们，不可强迫他们开口，以免使其紧张情绪进一步加重，甚至出现"反抗心理"。教师可以采取转移注意力的方法，如陪伴幼儿一起做游戏，一起游玩，从而分散幼儿的紧张情绪。

★ 与家长沟通的注意要点

① 选择合适的沟通方式（如：电话、微信等），现场沟通应注意选择私密性较好的场所。

② 肯定幼儿的优点、进步。例如：

> 涛涛虽然不怎么愿意说话，但是吃饭、动手能力还是不错的。

③ 说明幼儿选择性缄默的具体情况，并阐述其产生的原因（结合"什么是幼儿选择性缄默症"、"幼儿选择性缄默产生的原因"中的相关内容）。例如：

> 涛涛妈妈，涛涛的这种情况是选择性缄默，这是一种……如果现在不干预，可能会影响孩子的一生。
>
> 涛涛妈妈，我们想帮助涛涛，所以需要了解一下涛涛在家的具体情况。
>
> 涛涛妈妈，涛涛有没有什么造成他有选择性缄默的特殊经历？

④ 叙述幼儿园目前的处理方式（结合"应对幼儿当下选择性缄默行为的方法"、"长期应对幼儿选择性缄默行为的方法"中的内容）。例如：

> 我们这边会倍加照顾涛涛，让他尽快熟悉幼儿园。
>
> 我们会让其他小朋友也帮助涛涛，让涛涛参与集体活动，在活动中感受快乐。
>
> 涛涛平时喜欢做些什么？对什么比较感兴趣，我们可以组织一些他喜欢的活动。

⑤ 指出家庭合作的必要性，并提供家庭可以实施的改善策略（结合"长期应对幼儿选择

性缄默行为的方法"中的内容）。例如：

涛涛妈妈，你们平时有时间可以多带涛涛出去走走，缓解他对陌生环境的抵触情绪。

如果方便，可以组织一个家庭游戏活动，邀请班里的小朋友去家里做客，和涛涛一起玩。

拓展阅读

幼儿选择性缄默行为的诊断

对于幼儿选择性缄默行为的准确诊断相当困难，需要一个全面的检查评估，包括神经系统检查、精神心理检查、听力检查、社会交流能力检查、学习能力检查、语言和言语检查以及各种相关的客观检查。目前，美国有关专家认为有5个临床特征可作为诊断依据：

① 在需要言语交流的场合"不能"说话，而在另外一些环境说话正常。

② 持续时间超过1个月。

③ 无言语障碍，没有因为说外语(或不同方言)引起的言语问题。

④ 是由于入学或改变学校、搬迁或社会交往等影响到幼儿的生活。

⑤ 没有患诸如自闭症、精神分裂症、智力发育迟缓或其他发育障碍等发育或心理疾病。

⚓ 学而时习之

不说话的熙熙

熙熙（化名）　　性别：女　　年龄：3岁半

开学的第一天，熙熙的表现就有明显的异常：当所有幼儿兴奋地进教室找座位的时候，她几乎是挣扎着被母亲推进教室的。熙熙见到新的老师、新的同学时，眼里没有其他幼儿那样的幸福和好奇，她拒绝向老师、同学问好，拒绝自我介绍，坐在位子上皱紧眉头，抓紧双手，全身一动不动，含着眼泪，四处乱晃的眼睛里充满了胆怯、不安。

▲ 不说话的熙熙

本以为这是熙熙刚进入新环境的应激反应，但一个星期过去了，熙熙的表现让人担忧。通过观察，老师发现：熙熙一入园就闭紧嘴巴、一言不发，充满了警惕和不安，走路老是蹭着墙；不和任何人来往，拒绝用口头语言和任何人进行交流。每当老师试图亲近她时，她总会反射性地往后退，眼神里有恐惧感；群体活动时，她一动不动、不知所措；排队时，她不和别的幼儿牵手，做操时站在原地一动不动。在这一个星期中，谁也没有听到她说一句话。熙熙妈妈告诉老师：熙熙在家明明是很活泼的，话也很多，但不知为什么到了幼儿园就判若两人。

练习1：请阅读案例"不说话的熙熙"，并分析熙熙选择性缄默行为的产生原因。

练习2：根据熙熙的选择性缄默行为设定应对方案及与其家长沟通的方法。

学习任务 3

幼儿问题行为个案撰写

学习目标

- 能掌握幼儿问题行为个案的基本要素。
- 能独立完成对个案的描述。
- 能独立完成对个案的成因分析。
- 能独立完成对个案的诊断与矫正。
- 能主动获取有效信息，对学习与工作进行分享与总结。

建议学时

6 学时。

学习准备

- 通过网络搜索幼儿问题行为个案撰写的例文并仔细阅读。

你来到金宝宝幼儿园实习，今天园长开会的时候宣布，下个月有个市级幼教案例评选并要求每个人都参加，此次主题是围绕幼儿问题行为矫正的。从来没撰写过个案的你肯定觉得很棘手，没关系，我们慢慢来。首先，你觉得一个完整的个案需要包含哪些部分呢？（请在下图的空白圆圈中填写）

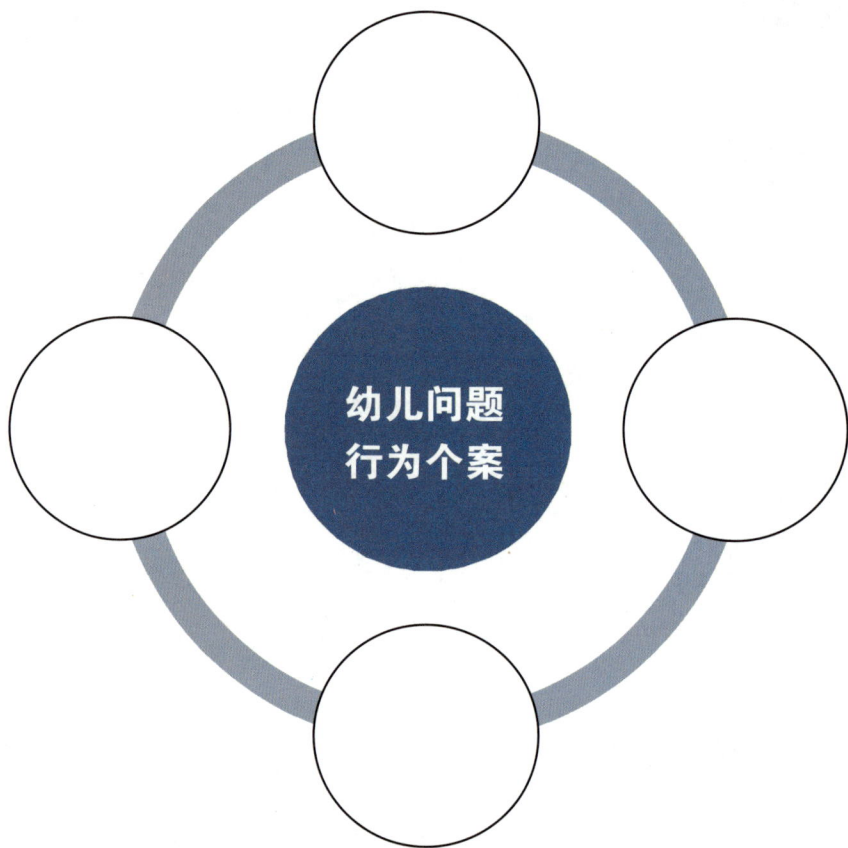

幼儿问题
行为个案

学习支持

幼儿问题行为的个案是个案（案例）研究中的一个分支。个案是人们在生产生活中所经历的典型的富有多种意义的事件描述。个案的表现形式是多种多样的，它对于人们的学习、研究、生活等具有重要的借鉴意义。个案包含的元素是相通的，在撰写时可以采用不同的形式呈现，主要包含以下要素：

1. 元素1——个案基本情况

在撰写个案基本情况时，我们需要清晰地阐述个案中幼儿的年龄、性别、典型特征、家庭背景，以及关于该问题行为的典型表现实录等内容，目的在于让阅读者准确了解该幼儿的具体情况，语言须简洁、清晰。

案例 1

一、个案基本情况

小雨（化名），男，3岁，小班，父母是公司职员。在他刚入园没几天，小朋友们经常向我汇报："老师，小雨打我们。""老师，小雨在捣乱，不让我们玩。"其他小朋友不愿和他坐一起。为此，我向小雨的家长了解了一些情况。据反映，小雨从一二岁开始就比其他幼儿明显表现出多动。主要表现在：坐不住，注意力不集中，在父母指出后会有一定效果，但持续时间不长。家长还反映小雨不太合群，好搞"恶作剧"，邻居家小朋友都不爱和他玩。小雨的脑子并不笨，他专心时，学东西很快。

二、家庭背景

在家庭教养方式上：小雨的爸爸比较粗暴，看他不听话就骂，急了便揍；妈妈对他则过于宠爱。小雨的妈妈见儿子常常闯祸，想到了他是不是有什么病症，曾带他到医院诊断，医生认为有多动症的可能。为此还让他吃了一些药，但收效甚微。

案例 2

一、情况概述

昊昊（化名）男孩，四岁，是我班的一个小朋友。昊昊来园时几乎总是目光游离，不敢看老师，从不主动与老师打招呼。只有在老师与其主动打招呼时，他才胆怯地问老师好。昊昊常独自一人坐在角落里看同伴进行活动，不尝试加入同伴的活动，总是自己独自玩。在幼儿集中活动时间，很自由，不能像同伴一样认真听老师上课，常独自离开小椅子，很随意。他喜欢看书，常到图书区看书，有时边看边在嘴里嘟囔着，常自言自语，对同伴的游戏活动不感兴趣，没有好朋友。

二、观察描述

1. 角色游戏时间

娃娃家游戏是幼儿们很喜欢玩的一种游戏活动，活动时幼儿们按自己的意愿做着自己喜欢的事情：有的买菜、有的做饭；有的给娃娃洗澡、有的给娃娃喝奶。昊昊小朋友不知所措，一会儿跑到这儿看看，一会跑到那儿看看，很随便。当看到东东拿着一个一闪一闪的照相机时就夺过来，自己也模仿着，但很快被东东要走。昊昊只要看到自己想玩的玩具就抢过来玩。

2. 吃饭时间

昊昊小朋友吃饭时，边吃边往桌上掉饭渣，碗的四周、地上几乎都有，不吃的食物常用手挑出来，弄得满手都是，结果是掉出来的比吃进去的还多。吃好饭了不和老师说，就在那儿等着，看着。老师主动问："昊昊小朋友，你还吃饭吗？"他才说："不吃了"，也不说我要喝汤，但老师给他盛上他就喝。

3. 自由活动时间

幼儿们都按自己的意愿进入了自己喜欢的区域进行活动，昊昊小朋友来到了图书区，目光停留在书架上一小会儿便从中选出一本《三只小兔》看了起来，边看边念出声来，不时地发出笑声，看完后又拿了一本看。

4. 户外体育活动时间

老师今天和小朋友一起玩过小河的游戏，要求小朋友们双脚用力蹦过场地上的两条线，不然就会掉进"河里"。幼儿们很开心地按要求一个接着一个用力地蹦过来蹦过去。昊昊小朋友也试着蹦，但他蹦过来蹦过去很随意，不管掉进没掉进"河里"，老师提醒他说："注意呀，可别掉进河里，那样会有危险的。"他干脆走到一边，趁老师不注意又自己玩了起来。

撰写个案的意义在于方便教师之间的交流、学习和督导，所以在案例中出现的所有人物，我们必须隐去他们的真实姓名、工作地点等个人信息，这体现了对主人公隐私的保护与尊重。

❷ 元素二——诊断与成因分析

通过个案基本情况的描述，我们需要对个案中的幼儿所表现出的行为做一个基本的判断，并阐述自己的理由。需要注意的一点是：我们尚不具有医师资格，所以在对幼儿下一些"症"的定义时需要特别谨慎，如非必要或从医生处已获得诊断，最好用一些"倾向"、"行为"等词汇对幼儿进行描述。

对个案进行诊断后，我们还需要根据个案的基本情况来分析其行为产生的原因，为之后的矫正做准备。

案例 ①

三、诊断与成因

通过一段时间的观察，我发现小雨的确存在着多动症的表现，如上课时注意力不集中、自由活动中常搞"恶作剧"、好冲动、精力特别旺盛、活动过度等。但这个幼儿在以下几个方面又与多动症有着明显区别：

第一，当他在课堂上受到教师的批评或暗示后，一般能控制自己的行为，有所收敛，而患有多动症的幼儿却很难做到这一点。

第二，小雨对自己感兴趣的事能持续较长时间，说明他的注意力没有障碍，只是由于多动的特点影响到了注意效果，而多动症幼儿的无意注意和有意注意具有明显缺陷，不能持续地将一项活动进行到底。

第三，在上课时，小雨有时也会专心听讲，而且学得特别快，学习上没有其他障碍，而多动症幼儿除了注意障碍外，往往还伴有其他学习障碍。

因此，我认为小雨只属于一般性多动行为表现，而不是患有幼儿多动症。

案例 2

三、诊断与成因

昊昊小朋友的父母都是本市某中学的教师，父亲在读研究生。昊昊一直是由乡下的奶奶照看，奶奶上了年岁且腿脚不灵活，几乎很少带他到楼下与同伴玩耍。奶奶的土话昊昊有时听不懂，因此，他与奶奶的交流也不多。妈妈在繁忙的工作之余，也在抓紧时间准备考研，所以昊昊的父母很少陪他一起玩耍，多是给他一本书自己看。有时昊昊问他们了，他们也会陪他读一小会儿书，与昊昊交流的多是图书与玩具。在生活上，奶奶给予了无微不至的照顾，使昊昊的自理能力很差。由"观察描述"中的第一点不难看出，昊昊小朋友缺乏与外界进行语言交流的机会，缺乏与同伴交往的机会；由"观察描述"中的第四点可以看出，昊昊比同龄的幼儿动作发展较缓慢，不够协调。但在与其父母的交谈中，其父母并没有意识到幼儿的问题，只认为老人是有点溺爱孩子，孩子过一段幼儿园的集体生活就会适应的。反而，他们认为自己的孩子比同龄的孩子较聪明，会认很多字、会读书。可见，家长对幼儿的心理健康了解不够、认识不够，这与他们之间缺乏必要的亲情交流是有很大关系的。

3. 要素三——矫正策略

在分析幼儿具体的问题行为及其成因后，我们下一步需要做的是通过经验或是资料查询的方式找到适合个案中幼儿的干预、矫正策略并实施。

案例 1

四、矫正策略

1. 给幼儿温暖的家

我与小雨的父母进行了认真的沟通与探讨，一致认为：应给予幼儿更多的关心与谅解，不能因其好动而感到厌倦、心烦，也不能因其多动而采取一些不当的措施，造成幼儿的自卑心理或精神压力。小雨的爸爸表示不再把工作上的烦恼带回家，更不会打孩子，要多看孩子的优点和长处；母亲也表示要改变对孩子溺爱、娇惯的教养方式，努力做到爱护与严格要求相结合。

2. 从培养良好习惯入手

作为老师，我们要给予小雨多一些耐心、多一些宽容，多一些帮助。比如，小雨在我的课上做小动作，我并没有当着其他小朋友的面批评他，而是慢慢跟他说道理，告诉他应该怎样去做。渐渐地，小雨改变了，我们也变成了好朋友，他常常在我不注意的时候送给我他画的画。虽然那是一些幼稚的画，但我如获至宝。因为，我赢得了小雨的心。

3. 给幼儿一个友好的集体

在小雨不在的时候，我告诉班里的孩子们，小雨其实很孤单，他希望和你们做朋友。我希望小朋友们多发现他的优点。孩子们虽小，但似乎都明白，在我的引导下，他们也试着接近小雨。过了一段时间，幼儿们关于小雨的谈话变成了："小雨很可爱的，懂得可多了。"

案例 2

四、矫正策略

1. 家园密切配合，发展幼儿健康心理

首先，我们需要让家长对幼儿健康心理有一个初步的认识，让其了解健康的人格对幼儿一生的重要性。针对昊昊的具体问题，我们采用了一种家长易接受的方法同他们进行交流（尽量避开其他幼儿家长）。从"观察描述"中的第一点可以看出，昊昊小朋友情绪不稳定，不能很好地与同伴交往。家长可每天和幼儿进行10—15分钟的游戏，如：接龙游戏、传话游戏、剪纸、拼图等。家长可利用双休日时间，尽量多带幼儿出去玩玩，让幼儿感受到与同伴玩的快乐，让幼儿体会到：与成人和与同伴玩游

戏是不同的，从而激发幼儿与同伴玩的乐趣。从"观察描述"中的第二点可以看出，幼儿的自理能力不足，家长应该放手，让幼儿做自己能做的事情，哪怕做得不好，也要从一点一滴做起，使其有一个良好的行为习惯。

2. 创造条件让昊昊与小朋友进行交往，使其融入同伴的活动中

作为教师，我要给予昊昊小朋友更多的关心，想办法接近他，并善于捕捉、发现他的闪光点，发挥他的优势。从"观察描述"中的第三点可以看出，昊昊会讲故事，而且故事是幼儿们非常喜欢听的，有的故事听了一遍还想听第二遍。我搜集了一些幼儿们喜欢听的故事，利用每天的故事时间让昊昊给小朋友讲，刚开始昊昊小朋友比较胆怯，我就和他一起讲，慢慢地，他能自己讲了，每当他讲完故事后，我都用赞许的目光看着他并用手抚摸着他的小脑袋夸他讲得真棒。有时，我会把故事编成童话剧，让小朋友表演，每当小朋友忘记台词时，他都会高兴地告诉同伴，渐渐地，同伴们开始邀请他一起加入活动。我对主动邀请他一起玩的幼儿给予表扬，以激发同伴和他交往的愿望。随着昊昊与同伴不断地交往与接触，他变得胆大、自信些了。

3. 在游戏的快乐中体会游戏的规则

从"观察描述"中的第一点可以看出，昊昊小朋友抢玩具时会发生攻击性的行为，但那是他在不会与同伴交流、交往中发生的无意识的行为。如果我们不及时给予引导，后果会更严重。从"观察描述"中的第一点和第四点可以看出，昊昊小朋友缺乏规则意识。为了培养他的规则意识，我们创设了许多游戏活动。如在一次玩具店的游戏中，亮亮带来了一个会发出多种响声的枪，吸引了许多幼儿的注意力，他们都争着和亮亮协商怎么玩。昊昊小朋友也围在其中。亮亮是班内能力很强的幼儿，一会儿亮亮说："我们玩警察捉小偷的游戏吧，一人拿一会儿枪。"他的提议得到了小朋友们的认可，他们很快在亮亮的指挥下，排成了一队，昊昊小朋友也跟着亮亮扮演警察的角色四处巡逻。当玩具枪拿到手后，他又跑到一边去玩，亮亮说："你不当警察，就不让你拿枪了，只有警察才可以拿枪。"昊昊小朋友极不情愿地回到了队列里，但从他拿枪的架势以及协调的步伐来看，他还是玩得很高兴的。昊昊的规则意识就这样通过一次次的活动被培养了起来。

4. 要素四——后记

当完成了基本情况介绍、成因分析、矫正策略后，我们可以记录下该幼儿接受干预的效果，或叙述此次个案研究中的不足，以便他人参考。

案例 1

五、后记

现在，小雨改掉了许多坏毛病，上课不仅坐得住了，还会安安静静地听讲了。其他小朋友们也很少再来报告小雨的"恶行"，并且小雨的妈妈也经常向我反映，小雨在家表现得越来越乖了。

案例 2

五、后记

① 教师和家长都应重视幼儿的心理健康问题，从幼儿心理健康的角度重新审视幼儿在园、在家里发生的问题，如：撒谎、攻击性行为等。

② 教师和家长要做有心人，多观察幼儿的日常行为，注意他们的心理变化，使一些不良情绪在开始时就能得到有效的控制。

③ 当教师发现幼儿有异常行为时，家园要密切配合，做到早发现、早防治，使孩子们都有一个健康的心理。

⚓ 学而时习之

请根据自身实际经验或在网上搜集相关资料，独立撰写一份幼儿问题行为个案。
